Eduard Strasburger

Histologische Beiträge von Eduard Strasburger

Heft V, über das Saftsteigen, über die Wirkungssphäre der Kerne und die Zellgröße

Eduard Strasburger

Histologische Beiträge von Eduard Strasburger
Heft V, über das Saftsteigen, über die Wirkungssphäre der Kerne und die Zellgröße

ISBN/EAN: 9783743323155

Hergestellt in Europa, USA, Kanada, Australien, Japan

Cover: Foto ©berggeist007 / pixelio.de

Manufactured and distributed by brebook publishing software
(www.brebook.com)

Eduard Strasburger

Histologische Beiträge von Eduard Strasburger

Histologische Beiträge

von

Eduard Strasburger,
o. ö. Professor der Botanik an der Universität Bonn.

Heft V.

Ueber das Saftsteigen.

Ueber die Wirkungssphäre der Kerne und die Zellgrösse.

Jena,
Verlag von Gustav Fischer.
1893.

Ueber das Saftsteigen.

Ueber die Wirkungssphäre der Kerne und die Zellgrösse.

Von

Eduard Strasburger,

o. ö. Professor der Botanik an der Universität Bonn.

Jena,

Verlag von Gustav Fischer.

1893.

Vorwort.

Das vorliegende V. Heft meiner Histologischen Beiträge enthält zwei Aufsätze, von welchen der eine das Saftsteigen in der Pflanze, der andere die Wirkungssphäre der Zellkerne behandelt. In dem ersten Aufsatze suche ich mich gegen die von Schwendener an meiner Auffassung über die Verrichtungen der Leitungsbahnen in den Pflanzen geübte Kritik zu vertheidigen. Schwendener hat seine Kritik in den Sitzungsberichten der Akademie der Wissenschaften zu Berlin veröffentlicht, ich bringe meine Antwort in meinen Histologischen Heften, da mir die Sitzungsberichte einer Akademie nicht der geeignete Ort zu einer Polemik erscheinen. Ausser dieser Vertheidigung bringt mein Aufsatz auch eine ganze Reihe neuer Beobachtungen und Versuche, die mir geeignet scheinen, die Ansicht, die ich mir über das Saftsteigen in der Pflanze gebildet hatte, weiter zu stützen.

Der zweite Aufsatz sucht durch Messung embryonaler Zellen einige Anhaltspunkte für die Beurtheilung der unmittelbaren Wirkungssphäre der Kerne zu gewinnen und enthält ausserdem theoretische Erörterungen über Zellwerth, über Aufgabe und gegenseitige Beziehung der einzelnen Theile im Protoplasma.

Inhaltsübersicht.

Ueber das Saftsteigen.

Auf Grund eines eingehenden Studiums der Holzstructur und einer überaus grossen Zahl von Versuchen war ich zu dem Ergebniss gelangt, dass zum Saftsteigen in den Pflanzen die Mitwirkung lebender Zellen nicht nothwendig ist [1]). Die Kritik, die an meinen Angaben und Deutungen geübt wurde, kann mich nicht bestimmen, meine Ansicht aufzugeben; ich muss dieselbe vielmehr auch heute noch für wohlbegründet halten.

Aus meinen Versuchen ging vor Allem hervor, dass die Tödtung eines Pflanzenkörpers als solche die Leistungsfähigkeit seiner Leitungsbahnen nicht aufzuheben braucht. Ich habe unter anderem einen 15 m langen, abgeschnittenen Ast von Wistaria im unteren Theile auf 12 m Länge durch Brühen getödtet [2]), und doch vermochte dieser Ast mit Hilfe seines nicht gebrühten, belaubten Gipfels die ihm an dem gebrühten Ende dargebotene Flüssigkeit 10,8 m hoch emporzuheben. Mit 10,8 m war die kritische Höhe überwunden, bis zu welcher eine continuirliche Wassersäule durch Luftdruck in dem trachealen System der Pflanzen gehoben werden könnte. In dem betreffenden Versuche musste ausserdem die saugende Wirkung lebender Elemente, soweit es sich um das Ein-

1) Ueber den Bau und die Verrichtungen der Leitungsbahnen in den Pflanzen, 1891.

2) Vergl. l. c. das letzte Beispiel unten auf p. 646 und p. 647.

greifen dieser in den Vorgang des Saftsteigens handeln sollte, mindestens um 12 m zurückgreifen, da bis zu dieser Höhe der Stengel getödtet war. Die transpirirenden Blätter befanden sich aber erst in 13,5 m Höhe. Doch rechnet Schwendener aus[1]) — mit welcher Berechtigung, mag zunächst unerörtert bleiben — dass unter Umständen die Steighöhe in getödteten Stengeln 13 bis 15 m betragen kann. Lassen wir diese Berechnung für den Augenblick gelten, so reichen die durch dieselbe gewonnenen Werthe immer noch nicht aus, um die vollständige Imprägnirung bis über 20 m hoher Bäume mit giftigen Stoffen, wie ich sie mit Erfolg ausgeführt hatte, zu erklären. Ein 21 m hoher Stamm von Acer platanoides[2]), der aufrecht in eine 5-proc. Kupfersulfatlösung gestellt worden war, zeigte sich 18 m hoch von Kupfersulfat völlig durchtränkt und stark blaugrün von demselben gefärbt, und erst von 19 m Höhe an innerhalb der sich stark verzweigenden Krone, machte sich eine Abnahme der Färbung geltend. — Eine ca. 20 m hohe Rothbuche wurde von 10-proc. Kupfersulfatlösung bis in die obersten Blätter hinein durchtränkt, und es war nachweisbar das Kupfersulfat nach 9 Tagen schon in die Krone, deren Laub ein dunkles, fahles Aussehen annahm, gelangt. — Aus dem Ergebniss dieser Versuche hätte somit wohl auch Schwendener auf die Nichtbetheiligung lebender Elemente am Saftsteigen schliessen oder doch wenigstens angeben müssen, dass in den Leitungsbahnen der Pflanzen das Wasser bis 20 m Höhe ohne Betheiligung lebender Elemente gehoben

1) Zur Kritik der neuesten Untersuchungen über das Saftsteigen, Stzber. d. Akad. d. Wissensch. zu Berlin, 1892, Bd. XLIV, p. 934.

2) l. c. p. 617.

werden kann. Die 15 m, welche unter Umständen die Steighöhe durch Luftdruck in getödteten Stengeln erreichen soll, waren ja um 5 m überschritten. Doch Schwendener begnügt sich mit der Bemerkung[1]): „Auf die Versuche mit giftigen Lösungen habe ich keine Veranlassung näher einzugehen. Es kehren im Wesentlichen dieselben Momente wieder, auf welche soeben hingewiesen wurde. Das Ausgangsstadium ist auch hier ein künstlich herbeigeführter wasserreicher Zustand. Dann folgt eine Saugwirkung, welche sich zunächst nur auf den wässrigen (nicht giftigen) Zellsaft bezieht, wobei die Mitwirkung lebender Zellen natürlich nicht ausgeschlossen ist. Etwas später beginnt der Aufstieg der giftigen Lösung, eine Strecke weit voraussichtlich in zusammenhängenden Säulen, dann in Jamin'schen Ketten, also unter ähnlichen Verhältnissen, wie in dem vorhin erörterten Falle. Es ist also nicht zu verwundern, wenn bei diesen Versuchen die Steighöhe des Giftes gelegentlich etwas mehr als 10 m betrug. Ueberdies ist es zweifelhaft, ob die lebenden Zellen immer sofort getödtet wurden.“ — Meine eben angeführten Versuche rechnet Schwendener also wohl nur zu denjenigen, bei welchen die Steighöhe des Giftes gelegentlich mehr als 10 m betrug. Ueberdies meint er, sei es zweifelhaft, ob die lebenden Zellen immer sofort getödtet wurden. Ich habe vollständige Imprägnirung des Holzkörpers in 18 m Höhe für Acer platanoides, vollständige Imprägnirung der ganzen Buche bis 20 m Höhe angegeben. Um so vollständige Tränkungen zu veranlassen, hätten die in entsprechenden Höhen befindlichen Elemente somit noch ihre auf Lebensvorgängen beruhende Thätigkeit als Saug- und Druckpumpen fortsetzen müssen, während sie erhebliche Mengen des Giftes

1) l. c. p. 935.

schon in ihrem Körper führten. Während Schwendener das den lebenden Elementen in meinen Versuchen zumuthete, lehrten ihn doch gleichzeitig die „oligodynamischen Erscheinungen in lebenden Zellen", die er aus dem Naegeli'schen Nachlass bearbeitete, dass die geringsten Spuren von Kupfer das Leben der Pflanzenzellen schon gefährden. Dass die von mir angewandten Kupfersulfatlösungen die lebendigen Elemente an den Leitungsbahnen sehr rasch tödten, dass somit auf die Thätigkeit dieser Elemente nicht eine Durchtränkung des Holzkörpers mit Kupfersulfat zurückgeführt werden kann, ist leicht einzusehen; auch würde das Schwendener jeder beliebige Controllversuch gelehrt haben. Ausserdem hätte Schwendener aber auch noch andere von mir gemachte Versuche beachten sollen, so diejenigen mit Wistaria, bei welcher ich die Concentration der gebotenen Kupfersulfatlösung bis zu deren voller Sättigung steigerte. Ein 15 m langer Ast von Wistaria [1]), der aufrecht in 10-proc. Kupfersulfatlösung gesetzt worden war, hatte dieselbe nach 48 Stunden schon in den obersten Blättern gezeigt; und nicht anders war der Erfolg, als ich einen 12 m langen Ast in 30-proc. Kupfersulfatlösung stellte. Nach 20 Stunden war das Kupfersulfat bis in die obersten Gelenke der Blätter gelangt. — Sehr lehrreich waren auch meine Versuche mit einer Fichte und Schwarzkiefer, deren vollständige Imprägnirung mit Kupfersulfat ich an entsprechender Stelle besonders betont habe. Die Fichte [2]) (Picea vulgaris) war 14 m, die Schwarzkiefer [3]) (Pinus Laricio) 14,42 m hoch, und nahm die letztere 65,5 Liter, die erstere nicht weniger

1) l. c. p. 612.
2) l. c. p. 618.
3) l. c. p. 621.

als 158 Liter 5-proc. Kupfersulfatlösung auf. Dabei stellte ich im Besonderen für die Fichte fest, dass sie noch 6,7 Liter Flüssigkeit aufnahm, nachdem eine deutliche Bräunung der Nadeln erfolgt und der Tod des ganzen Baumes durch directe Beobachtung constatirt war. Gegen die Beweiskraft dieser beiden letzten Versuche wird Schwendener doch wohl kaum geltend machen wollen, dass die Höhe der bei denselben benutzten Stämme hinter der vor ihm für die Steighöhe durch Luftdruck beanspruchten von 15 m, um einen halben bis einen ganzen Meter zurückstand. Dieser Einwand wäre um so weniger berechtigt, als, wie ich später zu zeigen hoffe, die Schwendener'sche Berechnung einer berechtigten Grundlage entbehrt. — Doch Schwendener kommt auch noch mit einem anderen Vorwurf, der den Werth meiner Angaben herabsetzen soll. Er schreibt: „Wie die Vertheilung von Luft und Flüssigkeit sich innerhalb der Leitwege thatsächlich gestaltete, wurde hierbei ebensowenig untersucht, wie beim Experimentiren mit getödteten Stengeln. Die Versuche können deshalb nicht als beweiskräftig gelten." Dieser Einwand, auch wenn er gerechtfertigt wäre, könnte nichts an der Thatsache ändern, dass Flüssigkeit in einem getödteten Stamm noch fortfahren kann, bis zu 20 m Höhe aufzusteigen. Mit dieser Thatsache hätte sich Schwendener vor Allem abzufinden gehabt, statt nebensächliche Punkte hervorzuheben. Ausserdem trifft der Schwendener'sche Vorwurf überhaupt nicht zu. In demjenigen Abschnitte meines Buches, welcher über den Inhalt der trachealen Bahnen handelt, hebe ich ausdrücklich hervor [1]), dass ich auch die in giftige Lösungen gestellten Pflanzen auf den Luftgehalt ihrer Lei-

1) l. c. p. 693.

tungsbahnen geprüft habe. Im Besonderen gehe ich noch auf das Verhalten jener schon erwähnten Fichte ein und gebe an, dass dieselbe nach dem Zerlegen in Stücke, in 11,3 m Höhe, innerhalb der Jahresringe, die durch Kupfervitriol gefärbt waren, nur ganz vereinzelte Luftblasen im Frühholze, mehr oder weniger Luft im Spätholze führte. Alle die durch das Kupfervitriol nicht gefärbten Partien des Holzkörpers seien andererseits fast vollständig mit Luft angefüllt gewesen, so etwa von dem 12. Jahresringe, von aussen gerechnet, an; die gefärbte Zone hätte an jener Stelle 8 cm, die nicht gefärbte 12 cm im Durchschnitt gemessen. Ich begnügte mich damals mit dieser Angabe, will aber jetzt noch hinzufügen, dass ich den betreffenden Baum in verschiedenen Höhen mit wesentlich dem gleichen Erfolg untersucht hatte, dass somit die Ergebnisse dieser Untersuchung, wie der Vergleich mit meinen Angaben über frische Coniferenzweige lehrt [1]), dem Verhalten derselben entsprachen. Doch noch mehr: in dem Kapitel „über das Aufsteigen giftiger Flüssigkeiten bis zu bedeutender Höhe in der Pflanze", das sich im Besonderen mit den geschilderten Versuchen an der Fichte und Schwarzkiefer befasst, habe ich auch den Wassergehalt beider Bäume in verschiedener Höhe bestimmt [2]). Diese Bestimmung nun ergab bei der Fichte eine ganz auffällige Uebereinstimmung mit dem Wassergehalt, wie er von R. Hartig in normalen Fichten gefunden wurde, bei der Schwarzkiefer einen Wassergehalt, der den von R. Hartig für normale Kiefern gefundenen noch etwa um 20 Proc. überstieg. Da meine Schwarzkiefer völlig kernfrei war, so mochte das ihren relativ hohen Flüssigkeitsgehalt bedingen. Aus dem Angeführten wolle man ersehen, wie wenig be-

1) Vergl. p. 683 ff.

2) l. c. p. 619 u. 622.

rechtigt die Schwendener'schen Angriffe gegen meine Arbeit über Bau und Verrichtungen der Leitungsbahnen bei den Pflanzen sind.

So musste es mich auch, nach allen den Versuchen, an die ich hier eben erinnert habe, in nicht geringes Erstaunen versetzen, als ich auf S. 927 bei Schwendener las: Auch hat Strasburger offenbar nur mit Objecten experimentirt, bei welchen die Saugwirkung der transpirirenden Blätter bis zur Schnittfläche herunter reichte. — Das reiht sich der Angabe an, dass in meinen Versuchen die Steighöhe des Giftes gelegentlich etwas mehr als 10 m betragen habe. Sind das Missverständnisse, oder hängen diese Aussprüche etwa mit einer, dann freilich ganz unbegründeten Annahme zusammen, die Belaubung hätte an meinen Objecten, auch bei bedeutender Gesammthöhe derselben, schon in der genannten Höhe begonnen? Es könnte sich dabei etwa um den Gedanken handeln, von tiefer gelegenem Laub emporgesogene Flüssigkeit wäre von höher gelegenem übernommen und weiter befördert worden. Dieser Gedanke ist von Schwendener an keiner Stelle ausgesprochen und somit wohl auch nicht gefasst worden, auch hätten thatsächlich die vorhandenen Angaben meines Buches schon genügt, um ihn zu beseitigen. Ich gehe nicht auf die anatomischen Schwierigkeiten ein, die mit solcher Vorstellung verknüpft wären, und begnüge mich, zu constatiren, dass die Wistaria-Aeste, mit denen ich experimentirte, laut Angaben, nur an ihrem Gipfel belaubt waren, oder dass ihnen nur dieser Gipfel lebendig belassen wurde, und dass ich auch meine Bäume in engem Bestande, mit rein gipfelständiger Laubkrone, zu den Versuchen auswählte.

Die hier wiedergegebenen Angaben meines Buches reichen somit vollständig für den Nachweis aus, dass der Saftaufstieg in 20 m hohen Bäumen, also doch wohl in Bäumen einer jeden Höhe, ohne die Hilfe lebender Zellen vor sich gehen kann, und dass somit auch ein Grund nicht vorliegt, lebende Elemente für diesen Vorgang in Anspruch zu nehmen. Da der Schwerpunkt der ganzen Frage in dem Nachweis liegt, dass Höhen, die durch Luftdruck und den Zug concaver Menisken nicht zu erreichen sind, thatsächlich ohne Hilfe lebendiger Zellen überwunden werden, so hielt ich es immerhin nicht für überflüssig, einen meine früheren Versuche ergänzenden Versuch, unter Berücksichtigung aller der erhobenen Einwände, auszuführen. Um zugleich den Kreis meiner Erfahrungen zu erweitern, wählte ich diesmal eine Eiche zu dem Versuche aus. Eichenäste, mit denen ich früher experimentirt hatte, nahmen Kupfersulfatlösungen weniger gut auf, wohl ihres Gerbstoffgehaltes wegen, der zu Niederschlägen innerhalb der Leitungsbahnen führte. Nach entsprechenden Vorversuchen entschloss ich mich daher, der gewählten Eiche Pikrinsäure zur Aufnahme zu bieten. Sowohl die in 5- und 10-proc. Kupfersulfatlösungen, wie die in gesättigte Pikrinsäurelösung gestellten Eichenäste zeigten bei der Untersuchung eine Tödtung der lebendigen Elemente des Holzkörpers von dem Augenblicke an, wo diese Elemente von den betreffenden Lösungen erreicht wurden. Die Lösungen diffundiren alsdann in die Umgebung, und alsbald hören die leitenden Bahnen auf sich durch ihre Färbung gegen diese Umgebung auszuzeichnen. Das führt im Resultat zu einer diffusen Färbung des Holzkörpers, einer Färbung, welche sich weiterhin durch das Cambium in dem Bast verbreitet und bei Pikrinsäureaufnahme in der Färbung der Bastfasern sich dort besonders offenbart. Während innerhalb des Stammes Kupfersulfatlösungen und Pikrinsäurelösung sich annähernd in gleicher Weise verbreiten, tritt ein merklicher

Unterschied in dem Verhalten beider innerhalb der Blattspreite ein. Die Kupfersulfatlösung geht dort rasch von den Leitungsbahnen auf das ganze Blattgewebe über und ertheilt der Blattspreite ein gleichmässig fahles Aussehen. Die ganze Blattspreite wird so auf einmal getödtet und trocknet dann rasch aus. Die Pikrinsäure hingegen wird von den die Leitungsbahnen umgebenden Mesophyllzellen festgehalten und verbreitet sich nur langsam auf das entferntere Gewebe. Daher die Blätter weit länger ihr frisches Aussehen behalten. Zu einer Zeit, wo die Gefässbündel auf Blattquerschnitten sich bereits durchfärbt zeigen, sind sie nur von einem schmalen Saum getödteter Mesophyllzellen umrandet, einem Saum, der sich deutlich schon dem blossen Auge offenbart, wenn die Lamina gegen das Licht gehalten wird. Hat der Saum todter Zellen eine gewisse Stärke erreicht, so hört jede weitere Zufuhr von Flüssigkeit nach den entfernteren Mesophyllzellen auf, und dieselben sterben langsam ab, um ebenso langsam einzutrocknen. — Ich versuchte es die mit Pikrinsäure bereits durchtränkten Leitungsbahnen der Zweige noch vor dem völligen Absterben des Laubes mit einem zweiten Farbstoff zu tingiren. Am besten gelang mir dies mit Fuchsin, das der gesättigten Pikrinsäurelösung eine burgunderrothe Farbe ertheilt. Während das Fuchsin an sich sehr schlecht in den Leitungsbahnen der Pflanzen steigt [1], weil der Farbstoff der Lösung rasch entzogen wird, fand es sich, dass in den von Pikrinsäure bereits durchtränkten Bahnen seine Aufnahme in die Wände nur noch eine schwache ist. Zur Verwendung kam das Fuchsin S (Säurefuchsin Weigert) von Dr. Grübler in Leipzig. — Die Untersuchung des Luft- und Wassergehaltes der in Kupfer-

1) l. c. p. 566.

sulfatlösungen, der in Pikrinsäurelösung und der in reines Wasser gestellten Eichenzweige ergab, solange die volle Leitungsfähigkeit anhielt, keine nennenswerthen Unterschiede. Die weiten Gefässe zeigten in den äussersten Jahresringen meist geringen Luftgehalt, rasch nahm dieser Luftgehalt nach innen zu. Relativ luftarm waren die engen in den Tracheïdenbändern gelegenen Gefässe; die Tracheïden selbst zeigten sich in den äusseren Jahresringen fast ganz von Wasser erfüllt. Besonders luftfrei erschienen die niedrigen, abgeflachten Tracheïden, die in unregelmässigem Verlauf den weiten Gefässen anliegen. Die Fasertracheïden [1]) fand ich stets luftreich [2]). — Diese Verhältnisse änderten sich in den Zweigen, welche Kupfersulfat oder Pikrinsäure aufgenommen hatten, mit dem Absterben und Austrocknen der Blätter. Die Enden der trachealen Bahnen innerhalb der Lamina füllten sich alsdann mit Luft, und die weiteren Gefässe in den Stammtheilen folgten hierauf ihrem Beispiel. Die Zahl der Luftblasen nahm dann auch in den engen Gefässen, hierauf erst in den Tracheïden der Gewebebänder zu, welche die Gefässe verbinden, während die flachen, kurzen, den weiter Gefässen anliegenden Tracheïden am längsten ihr Wasser festhielten.

Die für den Versuch im hiesigen botanischen Garten ausgewählte Stieleiche war 21,9 m hoch, 10 cm über dem Boden 27 cm stark, 75 Jahre alt. Sie stand eingeengt zwischen anderen Bäumen, war infolge dessen schlank emporgewachsen. In 14,9 m Höhe gabelte sich der Stamm und wiederholte in 17 und 18 m Höhe die Gabelung zu sechs

1) Ueber den Bau des Eichenholzes vergleiche l. c. p. 267 ff.

2) Vergl. auch l. c. p. 685.

etwas verschieden starken Aesten. Diese bildeten, sich reich verzweigend, die gipfelständige, flache Krone, deren Laub demgemäss in 19 bis 21,9 m Höhe ausgebreitet war. Ein einziger kräftigerer Seitenast entsprang unter der ersten Gabelung in 14 m dem Stamme; ich liess ihn fast vollständig entblättern. Einige wenige ganz schwache Seitentriebe mit je ein Paar Blättern fanden sich tiefer in verschiedenen Höhen am Stamm vertheilt; sie wurden als Indicatoren benutzt, um die Schnelligkeit des Aufstieges zu controliren. Den Baum hatte ich mit Seilen an benachbarten Bäumen befestigen lassen. Am 28. Juni um 4 Uhr Nachmittags wurde er 10 cm über dem Boden schräg abgesägt, während Wasser reichlich in die Schnittwunde einfloss, rasch mit Flaschenzügen emporgehoben und in einen Kübel mit Wasser schwebend eingesetzt. In diesem verweilte er etwa eine halbe Stunde, währenddem seine Schnittfläche gereinigt und mit scharfem Messer zum Theil geglättet wurde. Jetzt kam der Baum in ein Gefäss mit gesättigter Pikrinsäure zu stehen: er tauchte etwa 20 cm tief in dieselbe ein. Die obere Grenze der Lösung wurde im Gefäss bezeichnet und durch Nachfüllen bis zu dieser Grenze, am Morgen und Abend eines jeden Tages, die Flüssigkeitsmenge bestimmt, die von dem Baume aufgenommen worden war. Das sind nun die erhaltenen Werthe. Der Baum nahm von der gesättigten Pikrinsäure auf, wie Tabelle S. 12 zeigt.

Vom 28. Juni bis zum 5. Juli Abends war der Himmel völlig klar, das Wetter trocken und heiss. Vom 5. bis 6. Juli Abends folgten fortgesetzt Gewitter auf einander, die Luft kühlte sich entsprechend ab. Am 6. Juli klärte sich der Himmel wieder auf, und es folgte eine klare, warme Nacht. Bis zum 5. Juli Abends war also der Versuch unter möglichst günstigen, gleichmässigen Bedingungen vor sich ge-

Von	28.	Juni	4	Uhr	NM.	bis	28.	Juni	8	Uhr	NM.	5	Liter
„	28.	„	8	„	NM.	„	29.	„	10	„	VM.	6,5	„
„	29	„	10	„	VM.	„	29.	„	7	„	NM.	6	„
„	29.	„	7	„	NM.	„	30.	„	10	„	VM.	5,5	„
„	30.	„	10	„	VM.	„	30.	„	7	„	NM.	5,75	„
„	30.	„	7	„	NM.	„	1.	Juli	10	„	VM.	4,2	„
„	1.	Juli	10	„	VM.	„	1.	„	6	„	NM.	6	„
„	1.	„	6	„	NM.	„	2.	„	8	„	VM.	4,7	„
„	2.	„	8	„	VM.	„	2.	„	9	„	NM.	5,8	„
„	2.	„	9	„	NM.	„	3.	„	8	„	VM.	4	„
„	3.	„	8	„	VM.	„	3.	„	8	„	NM.	3,7	„
„	3.	„	8	„	NM.	„	4.	„	8	„	VM.	3	„
„	4.	„	8	„	VM.	„	4.	„	8	„	NM.	2,4	„
„	4.	„	8	„	NM.	„	5.	„	8	„	VM.	2,4	„
„	5.	„	8	„	VM.	„	5.	„	8	„	NM.	1,45	„
„	5.	„	8	„	NM.	„	6.	„	8	„	VM.	0,7	„
„	6.	„	8	„	VM.	„	6.	„	8	„	NM.	0,3	„
„	6.	„	8	„	NM.	„	7.	„	8	„	VM.	1	„
	Zusammen in 8 Tagen und 16 Stunden											68,4	Liter

gangen. Erst vom 5. Juli Abends an, wo der Versuch aber schon als vollendet angesehen werden konnte, trat Störung in Folge der Gewitterregen ein. Diese setzten die Flüssigkeitsaufnahme durch den Stamm herab; letztere hob sich wieder mit Eintritt des klaren Wetters, ohne jedoch einen beträchtlichen Werth zu erreichen, und das bestimmte mich, den Versuch nunmehr abzuschliessen. Solange das Laub der Krone noch am Leben war, machte sich eine deutliche Periodicität in der Flüssigkeitsaufnahme geltend; diese Aufnahme war stärker in den Tagesstunden. Mit dem Augenblicke, wo die Pikrinsäure bis in die Blattnerven der Krone gelangt war, hörte diese Periodicität auf, und die aufgenommene Flüssigkeitsmenge sank nun von Tag zu Tag. Am 29. Juni Morgens hatte ich das Vorhandensein der Pikrinsäure in den Blättern eines in 3 m Höhe am Stamme entspringenden Seitenzweiges bereits constatirt. Nicht nur die Vasaltheile, sondern auch die Sklerenchymfasern am Siebtheil waren in den Nerven gelb gefärbt. Am 30. Juni Vormittags war die gleiche Erscheinung in einer Höhe von 10,5 m schon festzustellen. Am 1. Juli um 9 Uhr Morgens liess sich die Pikrinsäure in 15 m Höhe nachweisen. Die Blätter des in 3 m und eines anderen in 5 m Höhe befindlichen Seitenzweiges waren schon im Absterben begriffen. In 8 m Höhe zeigten sich die Blätter noch lebendig, doch der Holzkörper der Zweige in dieser Höhe, so auch bei 10,5 m vollständig durchfärbt. Das Laub des Gipfeltriebes liess, mit dem Fernrohr vom Boden aus betrachtet, ein deutlich verändertes Aussehen bereits erkennen. Da wurde denn um 12 Uhr Mittags an demselben Tage die Pikrinsäure des Gefässes mit Fuchsin so lange versetzt, bis sie eine intensiv weinrothe Färbung erlangt hatte. Der Fuchsinzusatz erfolgte somit erst zu einer Zeit, wo die reine Pikrinsäure über 15 m hoch in den Leitungsbahnen aufgestiegen war. Weiterhin wurde dem Stamm nur noch mit Fuchsin versetzte Pikrinsäure dargeboten. Ein am 2. Juli Vormittags, also Tags nach dem ersten Fuchsinzusatz, von einem Nachbarstamme aus dem Versuchsbaume entnommener, in 18 m Höhe entspringender Seitenzweig zeigte auch schon Pikrinsäurefärbung. Am 4. Juli war das Aussehen der Krone bereits stark verändert, die Blätter an allen tiefer gelegenen Seitenzweigen abgestorben. Ich beabsichtigte den Stamm nicht früher umlegen zu lassen, als bis der Flüssigkeitsverbrauch stark abgenommen habe. Den starken Rückgang der Aufnahme vom 5. Juli Abends bis 6. Juli Abends schrieb ich dem Eintritt der nassen Witterung zu, und in der That stieg der Verbrauch wieder in der Nacht vom 6. auf den 7. Juli; da er jedoch einen Liter nicht überstieg, so brach ich den Versuch ab, denn es kam mir darauf an, den Flüssigkeits- und Wassergehalt des Stammes möglichst noch in demselben Zustande zu untersuchen, in dem der Flüssigkeitsaufstieg sich vollzogen hatte. So wurde denn am 7. Juli um 8 Uhr Morgens der Stamm aus der Pikrinsäure gehoben, umgelegt und in Stücke zersägt. Das Laub der Krone war bereits trocken und verfärbt. Sofort stellte ich fest, dass auch der Gipfelspross, der sich in 21,8 m Höhe über der unteren, in Pikrinsäure tauchenden Schnittfläche befunden hatte, vollständig durchfärbt war. Beim Durchsägen des Stammes machte sich die Betheiligung des Fuchsins an der Tinction in der dunkleren, ins Orangerothe übergehenden Färbung des Holzkörpers, im Gegensatz zu den sonst hellgelben Färbungen durch reine Pikrinsäure, geltend. Beim Liegen an der Luft traten dann an einzelnen in der Peripherie des Holzkörpers vorwiegend vertheilten Stellen dunkelrothe Flecke auf. Solche Flecke, wie sie auch nach Eosinfärbungen sich an einzelnen Stellen, an welchen die Verdunstung besonders ergiebig ist, bilden, stellten sich auch an Querschnitten der Gipfelsprosse ein und bewiesen unwiderruflich, dass die mit Fuchsin versetzte Pikrinsäurelösung noch den Gipfel des Baumes erreicht hatte, ungeachtet sie erst 3 Tage nach Beginn des Versuches dem unteren Querschnitt des Stammes zur Aufnahme geboten worden war, zu einer Zeit, da ich eine Durchtränkung mit reiner Pikrinsäure in den Leitungsbahnen der Zweige und Blätter schon in 15 m nachgewiesen hatte. — Die Pikrinsäurelösung folgte in dem untersten Theile des Stammes der ganzen Breite des Splintes. Sie färbte noch 1 m hoch über dem Boden 16 Jahresringe 15 mm dick. Der nächst innere, ungefärbte Jahresring zeigte dort mit Thyllen verstopfte Gefässe. Höher hinauf im Stamme schränkte sich die Leitung auf die äusseren Jahresringe des Splintes ein. In 5 m Höhe, bei 19 cm Stammdurchmesser, waren nur 6 Jahresringe, zusammen 4 mm dick, gefärbt, während die Verstopfung mit Thyllen erst beim zwanzigsten Jahresring und zwar wieder in 15 mm Entfernung vom Cambium begann. Hier war also das Leitungsgeschäft bereits auf die äusseren Jahresringe so wie unter normalen Verhältnissen eingeschränkt. Durchschnittlich 8 Jahresringe fand ich gefärbt in 10 m Höhe, wo die gefärbte Zone etwa 5 mm dick war, bei einem Gesammtdurchmesser des Stammes von 15 cm. In 15 m Höhe zeigten die beiden annähernd gleich starken Gabeläste, dicht über der Gabelungsstelle, eine gefärbte Zone von ca. 7 mm, zugleich etwas breitere Jahresringe. Ungefähr die nämlichen Verhältnisse kehrten in 16 m Höhe wieder. Dann schränkte sich der ungefärbte mittlere Holztheil immer mehr ein, und die meisten Aeste in 20 m Höhe zeigten sich schon fast bis zur Mitte durchfärbt. Der stärkste unter diesen Aesten, mit 3 cm Durchmesser, hatte einen ungefärbten Mittelraum von 7 mm aufzuweisen. Der höchst gelegene, 13 mm starke Trieb war bis auf das Mark intensiv tingirt, bei ausgeprägter Betheiligung des Fuchsins an dieser Färbung.

Ob wohl Schwendener diesem Versuch gegenüber seine früheren Einwände aufrecht halten wird? In Bahnen, die mit Pikrinsäure getödtet waren, stieg die Fuchsinpikrinsäure 3 Tage später bis zu fast 22 m Höhe nach. Die Pikrinsäure wird bekanntlich in der pflanzlichen und thierischen Histologie benutzt, um rasche Tödtung des Protoplasma, das sie unverändert fixirt, zu bewerkstelligen. An dem Tod der die Leitungsbahnen umgebenden Elemente war somit in diesem Falle, zur Zeit, da die Fuchsinlösung nachrückte, nicht zu zweifeln; er wurde von mir auch durch directe Untersuchung der Zweige in verschiedener Höhe constatirt. Schwendener müsste also, um diesen Fall mit seinen Anschauungen in Einklang zu bringen, mit Luftdruck Steighöhen bis zu 22 m erlangen können.

Die sofortige anatomische Untersuchung des gefällten Stammes, bei Beobachtung jener Vorsichtsmassregel, die ich früher schon angewandt hatte [1]), ergab in demselben die nämliche Vertheilung von Luft und Wasser, wie ich sie zuvor für die normalen, sowie die in Pikrinsäurelösung und Kupfersulfatlösungen gestellten Eichenäste beschrieben hatte. Nur in den Gipfeltrieben war ein grösserer Luftgehalt zu constatiren, der aus dem bereits erfolgten Verdorren der Krone sich unmittelbar erklärte. Innerhalb der Laubblätter waren die Leitungsbahnen bereits ganz mit Luft erfüllt; in den schwächeren Aesten die weiten Gefässe auch schon wasserfrei. Die engeren Gefässe um die Tracheïden der die grossen Gefässe verbindenden Bänder zeigten sich weit lufthaltiger als unter normalen Verhältnissen, während die kurzen und flachen Tracheïden an den grossen Gefässen meist noch all ihr Wasser festhielten. In den dickeren Aesten waren alsbald die für den normalen Zustand giltigen Verhältnisse gegeben und hielten sich so im Wesentlichen unverändert bis zur Basis. Es erschien der unterste Stammtheil auch kaum merklich wasserreicher, ungeachtet er zu Beginn des Versuches eine Injection erfahren musste. Diese Injection fand naturgemäss in solchen Bahnen statt, in welchen negativer Druck herrschte und veranlasste es wohl, dass in dem unteren Theile des Stammes der gesammte Splint tingirt war. Dass diese Injection aber nicht zu bedeutender Höhe reichte, zeigte die alsbaldige, schon in 2,5 m Höhe vollzogene Einschränkung der Färbung auf die äussersten Jahresringe, sowie die Thatsache, dass am Abend des ersten Tages, 5 Stunden nach Beginn des Versuches, wo diese Injection durch Luftdruck doch wohl vollendet sein musste, die Pikrin-

1) l. c. p. 682.

säure in dem 3 m hoch entspringenden Seitenzweige noch nicht nachzuweisen war.

Die Annahme einer Mitwirkung der lebendigen Zellen am Vorgang des Saftsteigens fand ihre Stütze vornehmlich im Bau der Nadelhölzer. Die Art, wie bei den Nadelhölzern die Markstrahlen zwischen den Tracheïden vertheilt sind, liess in der That die Vorstellung zu, dass diese Markstrahlen dort tiefer gelegenen Tracheïden das Wasser entnehmen, es in höher gelegene hineinpressen. Im Bau der lebenden Zellen dieser Markstrahlen fehlten freilich die unmittelbaren Anhaltspunkte für eine solche Annahme, denn alle diese Zellen zeigen die gleiche Structur und wölben in gleicher Weise die Schliesshäute ihrer Tüpfel in die Tracheïden vor. In die Thätigkeit der Hautschichten der lebenden Markstrahlzellen musste somit der Schwerpunkt verlegt, und rein hypothetisch diesen Hautschichten entgegengesetzt wirkendes, je nach Bedarf sich änderndes Verhalten zugedacht werden. Sonstigen Erfahrungen nach war eine solche Annahme möglich, doch durch keine unmittelbare Beobachtung hier thatsächlich gedeckt. Sie verlegte die Ursache der dem momentanen Bedarf entsprechenden, thatsächlich auch eine Umkehr zulassenden Richtung der Strömung der Hauptsache nach in das Gebiet der Reizwirkungen. Das konnte man sich für Coniferen alles plausibel zurechtlegen, man berücksichtigte dabei aber von vornherein zu wenig den Bau der übrigen Gewächse. Bei den Monocotylen vor Allem stösst die für Coniferen gemachte Construction auf fast unüberwindliche Hindernisse. Es fehlt dort an anatomisch greifbaren Einrichtungen, welche dazu dienen könnten, durch Vermittlung lebendiger Zellen das Leitungswasser aus einem tiefer gelegenen trachealen Element in ein höher gelegenes.

oder aus einer tiefer gelegenen Stelle eines Elements in eine höher gelegene desselben Elements schnell und sicher zu befördern. Im Besonderen wüsste ich nicht, wie dies in dem secundären Zuwachs der Dracaenen möglich sein sollte. Dort bestehen die amphivasal gebauten Gefässbündel [1]) aus typischen Tracheïden, die unmittelbar an einander schliessen und einen mittleren Strang umgeben, der nur aus wenigen, dünnwandigen Elementen des Vasalparenchyms und des Siebtheils besteht. Nur ganz wenige Vasalparenchymzellen verbinden diesen mittleren Strang mit dem Grundgewebe im Umkreis der Gefässbündel. Dieses Grundgewebe wird von radial angeordneten Zellen aufgebaut, die durch einseitig behöfte Tüpfel mit den Tracheïden communiciren. Eine besondere Anordnung der Grundgewebszellen auch in Richtung des Gefässbündelverlaufs, oder eine irgendwie bevorzugte Tüpfelung in solcher Richtung ist nicht vorhanden. Die Verbindung der Grundgewebszellen unter einander durch reichliche Tüpfel ist gleich gut nach allen Seiten. Es wäre in der That kaum vorzustellen, wie etwa die den compacten Tracheïdenstrang umgebenden Grundgewebszellen in das Geschäft der Wasserleitung eingreifen und das Wasser aus einer tiefer gelegenen in eine höher gelegene Stelle des Stranges befördern sollten. Dabei giebt es aber auch bei den Dracaenen bedeutende Höhen zu überwinden. Für den einst so berühmten Drachenbaum in Orotava wurden 22 bis 24 m Höhe angegeben. — Doch auch bei Dicotylen habe ich oft genug darauf hingewiesen, wie gezwungen nur der anatomische Bau sich in solche Vorstellungen fügen kann, welche eine Betheiligung der lebendigen Zellen an dem Saft-

1) l. c. p. 399, vergl. auch die Wandtafel LXXX von Kny.

aufstieg verlangen. Das Holz der Albizzia moluccana [1]), um dieses Beispiel hervorzuheben, wird von weiten Gefässen, Holzparenchym und ziemlich weitlumigen und dünnwandigen Holzfasern gebildet. Die Gefässe stehen durchschnittlich um etwas mehr als einen Millimeter in radialer, um etwas mehr als einen halben Millimeter in tangentialer Richtung auseinander. Die Holzfaser dominirt. Die Gefässe sind bis 10 cm und darüber lang, sie legen sich mit verjüngten Enden anderen Gefässen an. Lebendige Elemente umhüllen dieselben. Die Markstrahlen vermitteln den radialen Zusammenhang zwischen diesen lebendigen Elementen. Die Möglichkeit, dass diese Markstrahlen hier tiefer gelegenen Gefässen etwa das Wasser entziehen sollten, um es an höher gelegene abzugeben, ist anatomisch ausgeschlossen. Zwar lässt sich berechnen, dass auch hier jeder Markstrahl während seines radialen Verlaufes mit Gefässen in Berührung kommen muss, doch die Gefässe, die er mit einander etwa verbindet, liegen so weit auseinander, dass sie kaum dazu bestimmt sein dürften, einander mit Wasser zu versorgen. Also könnten es nur die stärkereichen, die Gefässe umgebenden Zellen des Holzparenchyms sein, welchen die gedachte Arbeit zufiele. Ihr anatomischer Bau bietet für diese Vorstellung keine Anknüpfungspunkte, und ganz complicirte Annahmen sind daher nöthig, um dieselbe zu stützen. Die Schnelligkeit, mit der sich der Vorgang vollziehen müsste, bleibt dabei noch unbeachtet. Die anderweitige Vorstellung, dass die lebendigen Zellen in der Umgebung des Gefässes das Wasser einem Wasserglied entziehen und an ein nächst höheres, von jenem durch eine Luftblase getrenntes, abgeben sollten, ist endlich eine blosse Construction, die auf keinerlei

---

1) l. c. p. 168 ff.

directer Beobachtung ruht, thatsächlich auch mit denselben Schwierigkeiten wie die vorhergehende zu rechnen hätte. Hierzu käme noch, dass bei jeder Aenderung der Luftspannung in den Wasserbahnen die Grösse der Luftblasen sich verändert. Berücksichtigt man, wie weit im Uebrigen die histologische Differenzirung im Holze reicht, wie sie in der Vertheilung der Elemente, ihrer Verbindung unter einander, der Tüpfelung und sonstigen Wandstructur sich den specifischen Verrichtungen angepasst zeigt, so hat man allen Grund, anzunehmen, dass auch die Betheiligung der lebendigen Zellen an der Wasserleitung durch specifische Structuren gefördert, erleichtert und so angedeutet wäre. Solche, die Betheiligung der lebendigen Zellen an der Wasserleitung kenntlich machende Structuren sind mir aber unbekannt, und da ich den Bau des Holzes einigermaassen zu kennen glaube, so darf ich wohl behaupten, dass sie nicht vorhanden sind, dass somit der Bau des Holzes gegen eine Betheiligung der lebendigen Elemente an der Hebung des Wassers in den Leitungsbahnen spricht. Eine solche Betheiligung anzunehmen, läge beispielsweise nahe, wenn die trachealen Wasserbahnen durch lebendige Zellencomplexe unterbrochen wären. Diese könnten dann die Aufgabe haben, als Saug-Druck-Pumpen zu wirken und das dem einen Leitungsrohr entzogene Wasser in das andere zu pressen. Doch solche Einrichtungen kommen nicht vor, und kunstvolle Tüpfelbildungen, welche Beziehungen zu der Saftleitung verrathen, sind wohl zwischen den Elementen des trachealen Systems angebracht, nicht aber ist irgend welcher Hinweis auf ähnliche Beziehungen zwischen den trachealen Elementen und den angrenzenden lebenden Zellen gegeben.

Dass die Möglichkeit einer sofortigen Umkehrung der Leitungsrichtung in den Wasserbahnen eben auch nicht für die Betheiligung der lebenden Elemente an dem Vorgang spricht, daran möchte ich an dieser Stelle erinnern. Wird mit abgeschnittenen Pflanzentheilen operirt, so kann, unbeschadet der Betheiligung lebender Elemente an dem normalen Wasseraufstieg, die künstlich herbeigeführte Umkehrung der Strömung der Wirkung des Luftdruckes zugeschrieben werden; doch die Umkehrung des Stromes gelingt auch ohne weiteres am lebenden Baume, unter Umständen, in denen man kaum eine Ausschaltung der lebendigen Zellen, vielmehr eine Umkehr in deren Thätigkeit annehmen müsste. Ich habe im Freien aufgefundene Verwachsungen zwischen Aesten benutzt, um solche Umkehrungen des Saftstromes zu bewerkstelligen. Die Abbildung eines in dieser Richtung besonders instructiven Falles veröffentlichte ich in meinem die Verrichtungen der Leitungsbahnen behandelnden Buche [1]. Der Ast an dem betreffenden Baume, der, an seiner Insertionsstelle durchsägt, das nöthige Wasser einem höher entspringenden Aste, mit dem er verwachsen war, entnehmen musste, welkte nicht, erlitt auch sonst keinen Schaden und lebt bis auf den heutigen Tag. Er hat alljährig neue Triebe gebildet und sich so reich belaubt, als wenn er in dem alten Verhältniss zum Stamme verblieben wäre.

Ich könnte wohl meine Antwort auf die Schwendener'sche Kritik an dieser Stelle schliessen, da der Angriff derselben in dem einzig maassgebenden Punkte, wie mir scheint, zurückgewiesen ist. Im Uebrigen handelt es sich nämlich in der That in der Schwendener'schen Kritik nur um secundäre Punkte, um eine, wie Schwendener [2])

---

1) l. c. p. 939.
2) l. c. p. 912.

sich selbst ausdrückt, nach dessen „eigenem Ermessen getroffene Auswahl widersprechender Angaben und Deutungen", die er sich veranlasst sieht „kritisch zu beleuchten".

Ich gehe zunächst auf eine anatomische Angabe meines Werkes ein, die Schwendener glaubt richtig stellen zu müssen. Es handelt sich um den Anschluss älterer Leitungsbahnen an jüngere an ihrem oberen Ende. Ich habe ein Schema dieses Anschlusses entworfen [1]), von welchem Schwendener meint [2]), dass es zwar ziemlich genau dem Bilde in manchen älteren Lehrbüchern, nicht aber der Wirklichkeit entspricht. Ich legte, so heisst es, besonderes Gewicht auf die Zuschärfung des jedesmaligen innersten Jahresringes an seinem oberen Ende, wo der um 1 Jahr jüngere Stammtheil beginnt. Eine solche Zuschärfung bestehe aber nicht in der Form, wie meine Figur sie darstellt, es finde vielmehr nur eine Verschmälerung statt und zwar nach Gattung und Art in verschiedenem Maasse. Die Grenzlinien zwischen dem ersten und zweiten Jahresring der verschiedenen Internodien endigen nach oben, meint Schwendener, blind, sie vereinigen sich nicht mit der nächst inneren Linie, welche der Markscheide entspricht. Physiologisch betrachtet, folgt hieraus für Schwendener weiter, dass die im einjährigen Triebe wirksame Saugung sich nach unten auf die beiden Jahresringe des zweijährigen Stammtheiles fortpflanzen muss, und ebenso weiterhin auf die drei Jahresringe des folgenden Theiles u. s. f. „Wenn wir also in Gedanken von oben nach unten fortschreiten, so vollzieht sich anatomisch an der Basis der successiven Jahrestriebe jedesmal eine Spaltung des innersten Jahresringes, indem derselbe nach unten in die

---

1) l. c. p. 491.
2) l. c. p. 928.

zwei innersten übergeht, und somit physiologisch eine entsprechende Vertheilung der Saugwirkung. Nach dem Allen construirt Schwendener ein Bild, welches auf S. 929 seiner Abhandlung zur Darstellung gelangt. Dieses Bild zeigt die Trennungslinien der auf einander folgenden Jahresringe an ihrem oberen Ende blind endigend. So setzen sich dann je zwei Jahresringe aufwärts stets in einen einzigen fort. — Die Pflanzen, aus deren Untersuchung Schwendener diese seine schematische Abbildung abstrahirt hat, werden nicht angegeben. Wer, wie ich, zahlreiche solche Objecte untersucht hat, wirft sich billig die Frage auf, wie eine solche Anschauung zu Stande kommen konnte. Denn das Bild, das er entwirft, ist einfach unrichtig, andererseits, wie mir scheint, ein Leichtes, sich von der Richtigkeit meiner Darstellung zu überzeugen. Es ist das Schwendener'sche Bild ausserdem an sich schon unmöglich. Das Cambium setzt sich doch continuirlich nach oben fort, wie jeder Längsschnitt durch ein Sprossende lehrt; wie soll dann aber die Grenze einer Jahresbildung nach oben blind endigen und sich ein höher gelegener Jahresring nach abwärts in zwei fortsetzen können? Es müsste denn das Cambium an jenem blinden Rande erloschen sein und ein anderes der Markkrone näher gelegenes Cambium in der neuen Vegetationsperiode über die blind endigenden Elemente des Vorjahres hinweg neue Elemente erzeugt haben, um schliesslich den Rand des alten Cambiums zu erreichen und sich mit ihm zu vereinigen. Eine solche Annahme ist nun eben unmöglich, und in Wirklichkeit biegt am Scheitel der Sprosse das Cambium nach innen ein und setzt sich dort innerhalb des neuen Triebes in das Cambium fort, welches die primären Gefässtheile von den primären Siebtheilen trennt. Der vom Cambium ausgehende secundäre Zuwachs ist dann naturgemäss dem neuen wie dem vorjährigen Sprosse gemeinschaftlich und setzt sich nach abwärts dauernd in den Zuwachs nächst älterer Abschnitte des Stammes fort. Biegt aber das Cambium, das bereits einen Jahresring in den letztjährigen Trieben erzeugt hat, in das Cambium ein, das die primären Gefäss- und Siebtheile in den Gefässbündeln des neuen Triebes trennt, so ist damit auch das Schema gegeben, welches ich von diesen Verhältnissen entworfen habe. Die schematische Darstellung in meinem Buche stützte sich, laut meinen Angaben [1]), auf die Untersuchung von Fichten, Edeltannen, Lärchen, des Eibenbaumes, Wachholders, der Linde, des Ahorns, verschiedener Weiden, des Birnbaumes, der Rothbuche, Birke, der Balsampappel, der Robinie, Gleditschie, von Caragana, Gymnocladus, Wistaria, Cercis, des Hollunders, Flieders, der Magnolie und der Rosskastanie. Ich wiederholte mit demselben Resultate jetzt noch meine Untersuchungen bei der Linde, der Rosskastanie, der Eiche und bei Pterocarya caucasica. Ueberall fand ich wieder, dass sich der in vorjährigen Sprossen erzeugte Jahresring nach oben zu verschmälert und nach entsprechender Reduction und Veränderung seiner Elemente in die primären Gefässtheile der diesjährigen Sprosse fortsetzt. — Dass ein anderer Anschluss, wie der geschilderte, zwischen einem vorjährigen Tragspross und einem diesjährigen Achselspross nicht möglich ist, liegt auch auf der Hand. Das Cambium des Tragsprosses setzt sich in das Cambium des Achselsprosses fort und erzeugt hierauf beiden gemeinsame Elemente, die primären Gefässtheile des Achselsprosses lassen sich aber durch den secundären Zuwachs des Tragsprosses hindurch bis an die Markkrone verfolgen, an der sie sich in die primären

1) l. c. p. 490.

Gefässtheile des Tragsprosses fortsetzen. Für die radiale Verbindung der Leitungsbahnen aufeinander folgender Jahresringe ist aber an den Zuwachsgrenzen entsprechend gesorgt [1]).

„Dagegen hat die von Strasburger vertretene Ansicht", schreibt Schwendener, „dass sich bei Ficus, Acacien und Weiden der ganze Wasseraufstieg innerhalb der Gefässe vollziehe, wenigstens eine theilweise Berechtigung und dürfte sogar für Dicotylen, deren Libriform einfach getüpfelt und stark verdickt ist, nicht gerade selten das Richtige treffen." Diese theilweise Zustimmung auf Seite 931 der Schwendener'schen Kritik hält aber bis zum Schluss derselben Seite nicht an, wo mir das Fehlerhafte der von mir angewandten Methoden noch vorgehalten wird. Die Filtrationsversuche mit Weidenholz zeigen unzweifelhaft, schreibt Schwendener, dass das Libriform jenes Holzes für Wasser durchlässig ist. „Wo aber ein mässiger Druck ausreicht, den Saft im Libriform in Bewegung zu setzen, da ist auch die Annahme gerechtfertigt, dass die Kräfte, welche beim Saftsteigen betheiligt sind, nicht bloss auf den Inhalt der Gefässe, sondern auch auf den des Libriforms hebend einwirken." Schwendener verkennt hierbei, dass der Schwerpunkt der ganzen, das Saftsteigen ermöglichenden Einrichtung in den Eigenschaften der trachealen Bahnen, in ihrem hermetischen Abschluss, auf der gegenseitigen Verbindung ihrer Elemente beruht. Wäre Schwendener's „Libriform" für Saftleitung bestimmt, sicher hätte es einen anderen Bau und vor Allem eine andere Beziehung zu den trachealen Bahnen aufzuweisen. Dann

1) l. c. p. 494.

gäbe es wohl auch Pflanzen, deren Leitungsbahnen nur aus solchem „Libriform“ gebildet wären, so wie es Leitungsbahnen giebt, die nur aus Tracheïden bestehen. Dann würde doch wohl auch bei der Weide dieses „Libriform“ nicht Luft, sondern Wasser unter normalen Verhältnissen führen. Solche Thatsachen bestimmen Schwendener in seinen Schlussfolgerungen aber nicht. „Das Libriform“, so schreibt er, „ist zwar sehr luftreich und darum grösstentheils unwegsam; allein daraus lässt sich die Annahme einer absoluten Passivität nicht mit Sicherheit folgern.“ — Die physiologische Anatomie pflegt mit Recht den histologischen Structuren weitgehende Beachtung zu schenken, dem entgegen wird in diesem Falle unter Anderem ganz unbeachtet gelassen, wie wohl abgeschlossen bei der Weide[1]) die trachealen Bahnen gegen die Holzfasern sind. Während die Wände, mit welchen die Gefässe aneinander stossen, behöft getüpfelt sind, zeigen sich die Wände, welche Gefässe und Holzfasern trennen, völlig tüpfelfrei, also doch nicht auf einen raschen Austausch von Wasser eingerichtet. Auch unter einander verkehren die Holzfasern nur durch schmale, schräg aufsteigende, wenig zahlreiche Poren. Spärlich und klein sind auch die Tüpfel zwischen Holzparenchymzellen und Holzfasern, sowie zwischen Markstrahlzellen und diesen letzteren. — Ganz entsprechend treten die Verhältnisse der Tüpfelung dem Beobachter bei den Acacien, bei Robinia, Wistaria[2]) entgegen, und nur selten kommt bei Albizzia eine Holzfaser überhaupt mit einem Gefässe in Berührung[3]). Bei Wistaria sind die Holzfasern oft bis zum Schwinden des Lumens verdickt und in Strängen

---

1) l. c. p. 208.
2) l. c. p. 176, 188, 196.
3) l. c. p. 171.

zwischen den anderen Geweben vertheilt [1]). Bei allen diesen Pflanzen führen die Holzfasern nur Luft [2]). Auch bei Ficus-Arten fehlt jede Verbindung durch Tüpfel zwischen den Gefässen und den Holzfasern, während zahlreiche Tüpfel die Gefässe mit dem Holzparenchym verbinden [3]). Ich habe hier im Anschluss an die Weide im Besonderen noch auf bestimmte Leguminosen und auf Ficus hingewiesen, weil deren Holzkörper durch den Mangel aller sonstigen trachealen Elemente, ausser den Gefässen, ausgezeichnet ist, daher hohe theoretische Bedeutung besitzt und demgemäss auch von Schwendener in die Polemik hineingezogen wird. Der Mangel jeglicher Beziehung zwischen den trachealen Bahnen und den Holzfasern ist mir aber in dem Holze auch jedes anderen Baumes entgegengetreten und stets hervorgehoben worden, so dass es mir fast überflüssig erscheint, hier nochmals darauf zurückzukommen. Dass unter Umständen die Holzfasern sich mit Wasser anfüllen, habe ich auch in meinem Buch angegeben [4]). Es erfolgt das besonders im Frühjahr, wenn der Baum sehr wasserreich wird, und beruht auf einem Hineinpressen von Wasser durch Blutungsdruck in die nicht leitenden Elemente. Diesen wird das Wasser dann nach Bedarf wieder langsam entzogen, sie dienen als Reservoire, nicht als Leitungsbahnen. Um aber Wasser unter diesen Umständen wirklich aufnehmen zu können, müssen sie unter entsprechendem Druck injicirt werden können, was eben zu den Ergebnissen künstlicher Filtrationsversuche stimmt.

1) l. c. p. 196.
2) l. c. p. 175, 189.
3) l. c. p. 202.
4) l. c. p. 685, 687.

Meine Angaben über die Bahn des aufsteigenden Saftes in der Pflanze ruhen auf der ganzen Summe meiner ausgedehnten Erfahrungen, anatomischer Untersuchungen sowohl als Experimente. Nach Schwendener's Darstellung könnte man aber meinen, dass mein Urtheil nur auf Versuche mit Farbstofflösungen begründet sei. „Strasburger beurtheilt", so heisst es [1]), „auch das Maass der Betheiligung verschiedenartiger Elemente und die hierauf bezüglichen Unterschiede zwischen ungleichalterigen Jahresringen ganz nur nach den erhaltenen, mehr oder minder intensiven Färbungen. Ob die weiten Gefässe vorwiegend als Wasserbehälter, die engen hingegen als Leitröhren dienen, ob die Tracheïden den letzteren sich anschliessen, ob vielleicht nur wenige peripherische Jahresringe als wirkliche Leitungsbahnen fungiren u. s. w., das Alles wird auf diesem Wege ‚festgestellt'" [2]). Diese Behauptung Schwendener's trifft nicht zu. Ich habe meinen Versuchen mit Farblösungen eine Kritik der älteren Versuche vorausgeschickt, dabei auf die Fehlerquellen hingewiesen und dann wörtlich hinzugefügt [3]): „Wenn ich nach all dem Vorausgeschickten noch eigene Versuche über das Aufsteigen von Salz- und Farbstofflösungen innerhalb der Pflanze angestellt habe und hier mittheile, so geschieht dies also mit dem vollen Bewusstsein der Fehlerquellen, welche solche Versuche in sich schliessen. Sie gewannen für mich auch nur Bedeutung als Glieder in der Kette anderweitiger, ausgedehnter Untersuchungen und wurden sie von diesen aus dauernd kritisch controlirt. Bei solcher Einschränkung dürfte die Mittheilung

1) l. c. p. 926.
2) l. c. p. 926.
3) l. c. p. 562.

derselben nicht ohne allen Werth sein." — Wenn ich somit angebe [1]), dass bei Acacia floribunda die wässrige Eosinlösung nur den Gefässbahnen folgt und dass die stark verholzten und ziemlich stark verdickten Holzfasern in keinem Falle auch nur die Spur einer Färbung zeigen, so erblicke ich darin eine vollkommene Bestätigung meiner anatomischen Befunde. In derselben Weise konnte ich meine Erfahrungen mit Ficus verwerthen [2]). Soweit ich hingegen bei Salix-Arten [3]) keine reinen Gefässfärbungen, sondern diffuse Tinctionen des ganzen Holzkörpers erhielt, so schloss ich aus denselben nicht, wie Schwendener aus seinen Filtrationsversuchen, dass hier auch die Holzfasern leiten, weil das mit meinen sonstigen Erfahrungen unvereinbar war, suchte vielmehr nach anderen Ursachen, welche ein solches Verhalten veranlassen [4]). Wenn ich Färbungsbilder für die bessere Leitungsfähigkeit der äusseren Jahresringe im Holzkörper einerseits, der besseren Leitungsfähigkeit des Frühholzes gegenüber dem Spätholze innerhalb der einzelnen Jahresringe andererseits verwerthet habe [5]), so geschah das auch nur im Anschluss an eine Fülle anderweitigen Beweismaterials. Ich stützte mich an den Anschluss der Bahnen nach oben, den ich genau untersucht hatte, den Anschluss der Seitensprosse an die Leitungswege des Hauptsprosses, die Entwicklungsgeschichte der einzelnen Jahresringe, welche lehrt, dass die leitenden Elemente im Frühholz angelegt werden, zu einer Zeit, wo es gilt, neue Bahnen

1) l. c. p. 565.

2) l. c. p. 568.

3) l. c. p. 570.

4) Und so auch in zahlreichen anderen Fällen, die ich p. 571 bis 581 weiter zu vergleichen bitte.

5) l. c. p. 594.

für den Transpirationsstrom zu schaffen, den Luftgehalt des Spätholzes, das Verhalten des Wurzelholzes, an dessen Leitungsfähigkeit besonders hohe Anforderungen gestellt werden und das den Bau des Frühholzes im Wesentlichen aufweist, und dergleichen mehr. Schwendener giebt aber an, ich hätte das Alles mit Farbstofflösungen festgestellt, und setzt das Wort „festgestellt“ zwischen Anführungszeichen, was die Vorstellung erwecken muss, ich hätte es in diesem Sinne gebraucht. Dann stellt Schwendener aber selbst solche von ihm verurtheilte Versuche mit Farbstofflösungen an. Da es „häufig genug vorkommt, dass die älteren Jahresringe oder Theile von solchen zeitweise wegen zu hohen Luftgehaltes von der Saftleitung ausgeschlossen sind“ [1]), so injicirt er mehrjährige Zweige verschiedener Bäume unter einem Druck von 2 und 3 Atmosphären mit Wasser, um die nach seinem Sinne normalen Bedingungen für seine Versuche herzustellen. Thatsächlich werden auf solche Weise in den Zweigen Zustände erzeugt, wie sie sonst nur ausnahmsweise durch Blutungsdruck entstehen. Die Zweige stellte er dann in Eosinlösung. „Die günstigsten Resultate lieferte bei diesen Versuchen Platanus. An einem vierjährigen Zweige, der 16 Stunden in Eosinlösung gestanden und sehr viel Flüssigkeit aufgesogen hatte, waren z. B. alle Holzelemente, auch die Tracheïden und Markstrahlenzellen gefärbt. Nur das Mark, sowie einige Stellen des Holzes, welche sich dicht unter abgestorbenen Seitenzweigen befanden, waren ungefärbt geblieben. Hier konnte nicht der mindeste Zweifel darüber aufkommen, dass die Saugwirkung sich auf alle Jahresringe erstreckt. Es ist somit klar, dass, wenn die Beweglichkeit des Zellsaftes in allen

1) l. c. p. 930.

Punkten hergestellt ist, auch der Aufstieg des Farbstoffes sich auf alle Theile des Holzkörpers erstreckt.“ Ich habe diese Angabe wörtlich citirt, weil es in der That auffallend ist, dass nach der vorausgegangenen Kritik ein Versuch in solcher Weise noch angestellt werden konnte, um Resultate zu liefern, „über die nicht der mindeste Zweifel aufkommen konnte“. Schwendener hat eben eine Färbung des Holzkörpers vor sich gehabt, die ich bei meinen Versuchen als diffuse bezeichne und nach entsprechender Kritik als unbrauchbar zurückweise. Von den Leitungsbahnen aus verbreitete sich der Farbstoff auf die Umgebung, und die vorausgegangene Injection beförderte diese Verbreitung. Aus der schliesslichen Durchfärbung aller Elemente auf ihre Function als Leitungsbahnen zu schliessen, das hiesse schliesslich auch den ganzen Bast in diese Function hereinzuziehen, denn auch er pflegt sich vielfach bei hinreichender Dauer der Versuche zu durchfärben, Schwendener hat, wie aus seiner Schilderung genugsam hervorgeht, nur eine sehr geringe Anzahl von Versuchen, unter durchaus unnatürlichen Bedingungen, ausgeführt, hält dieselben trotzdem den nach vielen Hunderten zählenden Versuchen, die ich unter möglichst verschiedenen Bedingungen angestellt habe, sowie allen meinen sonstigen, auf zahlreiche Erfahrungen begründeten Schlussfolgerungen entgegen. Er lässt sich durch den entgegengesetzten Ausfall einer geringen Zahl von Versuchen nicht von einem absprechenden und, wie ich meine, ungerechtfertigten Urtheil abhalten. Meine Versuche, mit Farbstofflösungen die Leitungsbahnen des Wassers in den Pflanzen zu bezeichnen, fallen hingegen bei entsprechender Handhabung vielfach so instructiv aus, dass ich sie selbst zu Demonstrationen für meine Zuhörer benutze. Da gilt es freilich, sich nicht mit einem erst nach 16 Stunden erhaltenen Resultat zu begnügen, auch nicht durch den ersten Misserfolg irreführen zu lassen, sondern die Bedingungen zu erforschen, unter denen ein recht instructives Bild zu Stande kommt. Denn selbst mit Aesten der Weide und der Platane lassen sich recht schöne, auf die trachealen Bahnen beschränkte Färbungen erzielen, wenn man nur rasch genug nachsieht. Bei längerer Dauer des Versuches hat sich die Färbung über den ganzen Holzkörper verbreitet. Die gewünschte Färbung tritt vielfach besonders scharf hervor, wenn man dafür sorgt, dass der Aufstieg nicht zu rasch erfolge, die Zweige somit köpft. Stets wird man aber am besten thun, frische Zweige, die draussen am Baume bis dahin ihre Pflicht gethan haben, dort unter Wasser vom Baume zu trennen und frisch zu dem Versuch zu verwenden. Als ein Object, welches leicht sehr instructive Eosinbilder liefert, möchte ich unter Anderem die Eiche empfehlen. Man bekommt bei derselben intensive, auf die weiteren Gefässe und die sie verbindenden trachealen Bänder eingeschränkte Färbungen, von welchen die Fasertracheïden ausgeschlossen bleiben. Auch in der Linde lassen sich die trachealen Elemente ausschliesslich färben und so ihre mikroskopische Untersuchung für Anfänger erleichtern, doch gilt es da sich schon weit mehr vorzusehen. Bei der Eiche wie bei der Linde sind die nämlichen instructiven Tinctionen zu erzielen, wenn man sie im unteren Theile entrindet, dann mit verschlossenem Querschnitt in Eosinlösung stellt. Da in Beiden tracheale Verbindung der Bahnen nach allen Richtungen besteht, so kann eben auch die Aufnahme der Farbstofflösung durch die bis zur entblössten Oberfläche des Holzkörpers reichenden Tracheïden erfolgen. Diese Aeste, unten verschlossen, in reines Wasser gestellt, bleiben in demselben ebenso lange frisch wie unverschlossene Controlzweige.

Weiden- und Pappeläste, unten entrindet und mit verschlossenem Querschnitt in Eosinlösung gestellt, zeigen hingegen nur einzelne peripherische Gefässe gefärbt. Es fehlt eine tracheale Verbindung zwischen letzteren und den mehr nach innen zu gelegenen Gefässen, und somit schreitet die Färbung auch nicht von aussen nach innen fort. In reinem Wasser welken solche am Querschnitt verschlossene Weiden- und Pappeläste zwar deutlich früher, als die unverschlossenen, doch nicht so rasch, als man es bei der mangelhaften Verbindung in radialer Richtung erwarten sollte. Das Wasser gelangt hier vielleicht durch Vermittlung der Markstrahlen in die trachealen Bahnen, ähnlich wie Zellen der Wurzelrinde sonst die Wasserzufuhr nach dem Centralcylinder der Wurzel besorgen. — Nicht unwichtig ist es wohl, an dieser Stelle darauf hinzuweisen, dass, meiner Erfahrung nach, in Hölzern, welche eine weitgehende Differenzirung in der Gestaltung ihrer Elemente aufweisen, die Verbindungen in der Richtung der Radien weit vollkommener ausgebildet sind, als in Hölzern, bei welchen eine solche Differenzirung fehlt. So werden die radialen Beziehungen der Wasserbahnen bei den Nadelhölzern nur durch die wenigen tangentialen Hoftüpfel im stärker verdickten Spätholze, beziehungsweise bei Pinus durch die trachealen Elemente der Markstrahlen erleichtert, sie erscheinen mangelhaft bei den nur mit Gefässen leitenden Hölzern, wie Pappel und Weide, während Eiche und Linde sie in hoher Vollkommenheit besitzen. Das hängt wohl damit zusammen, dass der sich unter gegebenen Verhältnissen nothwendig machende Abschluss der Bahnen gegen einander durch Einschaltung heterogener Elemente, so der engen Tracheïden zwischen die weiten Gefässe, wesentlich erleichtert wird. Die Vortheile, welche eine gute radiale Verbindung mit sich bringt, können dann gleichzeitig bestehen.

Ich habe seinerzeit darauf hingewiesen [1]) — und möchte an dieser Stelle nur an meine früheren Angaben erinnern — dass der verschiedene Ausfall von Einkerbungsversuchen bei verschiedenen Pflanzen durch die mehr oder weniger vollkommene Verbindung unter den Leitungsbahnen bedingt wird. Mit der Eiche, von der wir eben wieder sahen, wie allseitig bei ihr die trachealen Verbindungen ausgebildet sind, gelingen somit Einkerbungsversuche besonders leicht. Sie verträgt selbst mehrere entgegengesetzt orientirte, rasch aufeinander folgende Einschnitte [2]). Bei Ficus elastica, die in ihren Leitungsbahnen dieselben Einrichtungen wie Weide und Pappel zeigt, wird schon durch zwei einander gegenüberliegende Einschnitte der Wasseraufstieg sistirt [3]).

Eine Veröffentlichung von K. E. F. Schmidt, welcher die „Beziehungen zwischen Blitzspur und Saftstrom bei Bäumen“ behandelt [4]), wird mit der Bemerkung eingeleitet, dass der Weg, „auf welchem der aufsteigende Saftstrom vom Boden in die Aeste der Bäume gelangt“, und die Frage, „ob die gesammten Theile des Jungholzes gleichmässig einem Aste Saft zuführen, oder ob bestimmte Aeste begrenzten Partien des Jungholzes zugehören, durch welche ihnen Nahrung zugeführt wird, noch strittig“ sei. Ich meine, dass für die Beantwortung dieser Frage bereits das Material vorliegt, und dass die Versorgung eines Astes von einer Wurzel aus, dem Wege der kürzesten, beziehungsweise besten histologischen Verbindung folgt. Bildet der directe Anschluss der Gefässe und Tracheïden im Stamm eine gerade Linie.

1) l. c. p. 597.

2) l. c. p. 600.

3) l. c. p. 598.

4) Abhandl. d. Naturforsch. Gesellsch. zu Halle, Bd. XIX, 1893, p. 83.

so wird der Hauptstrom zu dem Zweig diesem Wege folgen, in anderen Fällen aber, aus einer ähnlichen Veranlassung, in einer Schraubenlinie aufsteigen können. Bei meinen Versuchen mit Farbstoffen und Salzlösungen habe ich wiederholt feststellen können, dass in Aesten, denen ich einseitig die Zweige nahm, die Färbung, beziehungsweise Imprägnirung, sich an die mit den zurückgelassenen Zweigen besetzte Seite hielt [1]). Die mehr oder weniger scharfe Einschränkung auf eine solche mit Zweigen versehene Seite hängt freilich von dem histologischen Bau des betreffenden Holzes ab. Bei Hölzern mit stärkerer Isolirung der einzelnen Leitungsbahnen wird die seitliche Abgrenzung schärfer sein, als in solchen, wo für reichliche Verbindung zwischen diesen Bahnen gesorgt ist. Es kommen da auch die für Wirkung der Einkerbung bereits erwogenen Momente in Betracht. Nicht minder wird der Sättigungsgrad der trachealen Bahnen mit Wasser zur Zeit des Versuches von Bedeutung sein. Herrscht in vielen Leitungsbahnen negativer Luftdruck, so breitet sich naturgemäss, die nöthigen Verbindungen vorausgesetzt, die Versuchsflüssigkeit auch seitlich in solchen Bahnen aus. Histologische, in der gegenseitigen Verbindung der leitenden Elemente gegebene Momente hatten es seinerzeit auch bedingt, dass Th. Hartig aus sternartig communicirenden an der Basis verschiedener Bäume angebrachten Bohrlöchern, eine Lösung von „holzsaurem Eisen“ geradlinig aufsteigen sah, so dass dieselbe schwarze Sterne bis zu 40 Fuss Höhe innerhalb des Stammes bildete. Ebenso gab Sachs gelegentlich an, dass, wenn ein Bohrloch im Stamme einer völlig chlorotischen Kugelakazie mit Eisenlösung gefüllt wurde, ein vollständiges Ergrünen der Blätter des nächsten Astes erfolgte,

1) Vergl. z. B. p. 961 meines Buches über Leitungsbahnen.

während die übrigen chlorotisch blieben [1]). Die Untersuchung über Anschluss der Aeste [2]) zeigte mir auch unmittelbar die Richtung an, in welcher naturgemäss die Versorgung eines Astes vom Stamme aus vor sich gehen muss. In diesem Sinne sind denn auch die Versuche von Gr. Kraus ausgefallen, bei welchen Ahornbäume, deren eine oder mehrere blossgelegte Wurzeln in indigschwefelsaure Natronlösung tauchten, „eine entsprechende Zahl von blauen Streifen aufwiesen, welche, jeder getrennt für sich, in einer Breite von 1—2 cm aus der Wurzel in eine bestimmte Astpartie aufstiegen" [3]). Auch ist die Bemerkung ohne weiteres einleuchtend, die Zopf, nach dem Berichte von K. E. F. Schmidt, zu dem Ausfall dieser Versuche machte, dass er es nämlich erkläre, wie an freistehenden Bäumen die Blüthen eines Astes schon zur Entwickelung gelangen können, während die Blüthen anderer Aeste noch sehr zurückgeblieben sind, oder — bis zu einem gewissen Grad auch — dass eine Reihe von Aesten überhaupt keine Blüthen treibt, während die anderen blühen. Ebenso, dass einzelne Aeste mit Chlorose behaftet, unmittelbar daneben sitzende Aeste aber gesund seien. — Dass in Versuchen mit allseitig verzweigten Stämmen oder Aesten sich die Bahnen der einzelnen Zweige nicht markiren können, dass diese Bahnen vielmehr zu einem vollständigen Ringe zusammenschliessen, leuchtet ohne weiteres ein. — K. E. F. Schmidt sucht die Blitzspur an getroffenen Bäumen mit den bevorzugten Leitungsbahnen in Beziehung zu bringen. Dieselbe folge, meint er, bestimmten geometrisch eng begrenzten Partien des Jungholzes, welche

1) Vorlesungen über Pflanzenphysiologie, 1. Aufl., 1882, p. 343. Erwähnt auch von K. E. F. Schmidt.

2) Bau und Verrichtung der Leitungsbahnen, p. 134.

3) Schmidt, l. c. p. 85.

die Nährstoffe vom Boden in die ihnen zugehörigen Theile der Krone leiten. Thatsächlich handelt es sich aber bei der von K. E. F. Schmidt an einer Eiche beobachteten Blitzspur, die sich in einer Schraubenlinie von ca. 180° um den Baum herumlegte, nur um einen Weg, der durch den anatomischen Bau des Holzes bestimmt war: die Blitzspur folgte dem Verlauf der Fasern. Dasselbe hatte seiner Zeit schon Alexander Braun angegeben [1]). Eine von ihm verfolgte Blitzspur erstreckte sich dort ununterbrochen von einem Gabelast in schiefer Richtung bis zur Erde und lief an dem unterirdischen Theile des Stammes weiter. Die schiefe Richtung der Blitzfurche entsprach dem schiefen Verlauf der Holzfaser und war in dem betreffenden Falle eine rechts um den Baum herumgehende, sehr wenig geneigte Schraubenlinie, die von der senkrechten Richtung nur ungefähr um 6 Grade abwich. An einer anderen Eiche bildete die Blitzspur eine linksläufige Schraubenlinie, die einen Winkel von etwa 15 Grad mit der Senkrechten bildete, und ebenso war auch der Verlauf der Holzfaser. Auf die Unbeständigkeit des schiefen Verlaufes der Holzfaser bei der Eiche hatte Alexander Braun schon früher hingewiesen [2]), ohne mit Sicherheit angeben zu können, welche von den beiden entgegengesetzten Richtungen der Schraubenlinie die häufigere ist.

Meine Untersuchungen über die capillaren Eigenschaften der Wasserbahnen in der Pflanze werden von Schwendener einer eingehenden, durch Versuche gestützten Kritik unter-

1) Ueber zwei am 26. Juli bei Berlin vom Blitz getroffene Eichen, Monatsber. d. Berl. Akad., Aug. 1869.

2) Monatsber. d. Akad. d. Wiss. zu Berlin, 1854, p. 455.

worfen [1]). Ich machte die, wie mir scheint, nicht unwichtige Wahrnehmung, dass in den Gefässen der Pflanzen das Capillaritätsniveau für Wasser sich wesentlich niedriger als in Glascapillaren stellt, so zwar, dass der gefundene Werth hinter dem für Glascapillaren berechneten oft um die Hälfte zurückbleibt [2]). War es mir alsbald auch sicher, dass das Saftsteigen in der Pflanze nicht auf dem Zug concaver Menisken beruhen könne, so legte ich doch auf die gemachte Wahrnehmung Werth, weil sich mir aus derselben eine gewisse Beziehung der Gefässwand zu dem wässrigen Inhalt der Gefässe zu ergeben schien, die für das Problem des Wasseraufstieges von Bedeutung sein konnte. Ich nahm an, dass eine Wechselwirkung zwischen der imbibirten Wand und dem wässrigen Inhalt der Gefässe die Gestalt des Meniscus beeinflusst, denselben abflacht und dessen Tragfähigkeit herabsetzt. Schwendener stellt nun eine Beziehung der Wandung zu den capillaren Leistungen in Abrede, und um seine Ansicht zu erhärten, experimentirt er, auffallender Weise, zunächst nicht mit Gefässen, die doch eben in der Pflanze speciell für Leitungszwecke eingerichtet sind, sondern mit Luftgängen im Blüthenstiel von Nymphaea, Luftgängen, die, wie ihr Inhalt lehrt, die Bestimmung haben, Luft zu führen, und demgemäss auch mit einer Cuticula umkleidet sind. Doch es genügt ihm, dass die Wand dieser Luftgänge von Wasser vollständig benetzt wird, während ich doch gerade auf die Imbibition der Wand den Nachdruck legte. Schwendener findet die Steighöhe in solchen Luftgängen genau entsprechend derjenigen in Glascapillaren, was ja wohl vorauszusehen war, da die Cuticula eine Beeinflussung des Meniscus

1) l. c. p. 912 bis 916.
2) l. c. p. 806 ff.

der capillaren Wassersäule durch die imbibitionsfähigen Theile der angrenzenden Zellwandungen ausschloss. Aus demselben Grunde musste zwischen Lamellen von Tulpenblättern, die ja auch mit einer Cuticula überzogen sind, das Wasser ebenso hoch wie zwischen Glasplatten steigen. Versuche mit einem Glasrohr, das inwendig mit Kirschgummi überzogen war, und mit Parallelplatten, welche eine Schicht von Kirschgummi deckte, sollen freilich auch wie zwischen Glaswänden ausgefallen sein. „Bei der Berührung mit Wasser", so wird aber hinzugefügt, „findet allerdings Quellung statt, aber doch so langsam, dass zur Beobachtung der Steighöhe reichlich Zeit übrig bleibt." Die Steighöhe wurde somit auch hier bestimmt, bevor diejenige Wirkung der Wand, auf die es allein hätte ankommen können, zur Geltung kam. Dabei ist zugleich übersehen worden, dass die Wände der trachealen Bahnen der Pflanzen auch nicht aus Kirschgummi bestehen. Dessen ungeachtet soll aus den angeführten Versuchsreihen zur Genüge hervorgehen, „dass der micellare Bau und die Imbibitionsfähigkeit der Röhrenwand die capillare Steighöhe nicht beeinflussen. Es ist im Gegentheil als festgestellt zu betrachten, dass es bei gegebenen Dimensionen nur auf die Benetzbarkeit ankommt; ist diese vollkommen, so erhält man stets die nämlichen Steighöhen, wie in Glascapillaren." Dass diese Versuche aber nicht als beweiskräftig für das Verhalten in Gefässen gelten können, folgt unmittelbar aus einem Versuch mit den Gefässen der Weinrebe, wo ein Fehlbetrag in der Steighöhe gefunden wird, der „in der Regel nicht sehr erheblich" sei, auf 20 bis 30 Proc. (!!) des Normalwerthes veranschlagt werden könne, allerdings in einzelnen Fällen eine beträchtlich höhere Ziffer erreiche. In Wirklichkeit wird somit an den allein in Betracht kommenden Objecten nichts Anderes gefunden, als was ich angegeben habe, dann aber hinzugefügt — „nicht sehr erheblich“, als wenn die zugegebenen 30 Proc. nicht nahezu ein Drittel der Steighöhe bedeuteten — und schliesslich der ganze Ausfall darauf zurückgeführt, dass es Röhrenwände und speciell Gefässwände genug giebt, denen eine vollkommene Benetzbarkeit nicht zukommt. Dass nun aber die Wände der von mir für die Versuche benutzten Gefässe unvollkommen benetzt gewesen wären, dürfte Derjenige, dem der Inhalt des betreffenden Abschnittes in meinem Buche nicht gegenwärtig ist, nur so lange annehmen können, bis er diese Abschnitte nicht von neuem nachliest. Denn die von mir benutzten Stammstücke von Vitis und Aristolochia wurden unter Alcohol aufbewahrt, sie gelangten aus diesem vor Anstellung der Versuche in Wasser, wurden mit Hilfe der Wasserstrahlluftpumpe mit Wasser injicirt und dann Wasser noch durch dieselben gesogen. Die Bestimmung des Capillaritätsniveaus [1]) geschah aber durch langsames Senken eines mit Wasser gefüllten Cylinders, in welchem das Object, in senkrechter Stellung fixirt, zuvor untergetaucht war. Ueber der oberen Querschnittfläche des Versuchsobjectes war an passender Stelle ein Mikroskop angebracht, eine Beobachtung der einzelnen Gefässe bei 90-facher Vergrösserung vollzogen. Diejenigen Gefässe, in welchen der Meniscus den oberen Rand gerade erreichte, wurden jedesmal gezeichnet und gemessen, zugleich die Höhe des Meniscus über dem Wasserspiegel des Gefässes bestimmt. Jede neue Bestimmung wurde erst vorgenommen, nachdem der die Flüssigkeit führende Cylinder mehrfach auf und ab bewegt worden war. Jede solche Bewegung begleitete ein entsprechendes Steigen und Fallen der sichtbaren Menisken innerhalb der Gefässe. Das in solcher

1) l. c. p. 806, 807.

Weise bestimmte Capillaritätsniveau in Gefässen konnte unter der Hälfte des für Glascapillaren berechneten zurückbleiben. Dass eine unvollkommene Benetzbarkeit der Gefässwandungen die so erhaltenen Resultate nicht veranlasst haben konnte, ist wohl nach dem Vorausgeschickten klar. Wie überhaupt imbibirte Gefässwände, und gleichmässig imbibirt waren sie sicher in meinen Versuchen, unvollkommen benetzbar sein sollten, ist mir unerfindlich. Schwendener hingegen nimmt in seinen mit Cuticula überzogenen Luftgängen, weil dieselben gleiche Werthe wie Glascapillaren ergaben, vollkommene Benetzbarkeit der Wand, in den Gefässen, weil sie andere Werthe ergaben, unvollkommene Benetzbarkeit der Wand an. Thatsächlich haben aber seine Versuche, bei welchen die mit Cuticula überzogenen Luftgänge sich wie Glascapillaren verhielten, nur eine neue Stütze für die von mir gezogenen Schlussfolgerungen geliefert.

Schwendener tritt meiner Behauptung, dass die Jamin'schen Ketten in den trachealen Bahnen der Pflanzen beweglicher als in Glascapillaren seien, entgegen und verwirft auch die von mir gegebene Erklärung, welche die Ursache der behaupteten Erscheinung darin erblickt, dass die Wände zwischen den Wassergliedern in Glascapillaren trocken werden, in pflanzlichen Capillaren befeuchtet bleiben. Die von Schwendener so bestimmt aufgestellten Sätze: — es sei sicher, dass ein Unterschied zwischen Glasröhren und den vegetabilischen Gefässen bezüglich des Widerstandes der Menisken nicht besteht, — es könne nach den von ihm mitgetheilten Thatsachen kein Zweifel darüber bestehen, dass meine Annahmen unrichtig seien — ändern aber nichts an der Thatsache, dass die von mir behaupteten Unterschiede wirklich bestehen. Es bleibt eben Thatsache, dass eine Jamin'sche Wasserluftkette in einer Glascapillare zunächst leichter, dann schwerer sich verschieben lässt, dass eine solche Aenderung des Verhaltens in pflanzlichen Capillaren sich aber nicht einstellt. Die Ursachen dieses Unterschiedes suche ich in dem imbibirten Zustande der Gefässwände, die im Gegensatze zu den Wänden der Glascapillaren benetzt bleiben und sich daher dauernd so wie die benetzten Glaswände verhalten. Schwendener rechnet hingegen aus [1]), dass der letzte Rest einer Flüssigkeitsschicht, auch wenn er den Quincke'schen Grenzwerth nicht mehr erreicht, von den Menisken nicht eingesogen werden könne, da er zum Adhäsionswasser im Sinne Naegeli's gehört. Trifft die Behauptung Schwendener's zu, die freilich, statt eines Beweises, sich auf die Autorität Naegeli's stützt, so würde das trotzdem nichts an der Thatsache ändern, dass die in einer Glascapillare zunächst leicht beweglichen Ketten sich später nur schwer verschieben lassen, und man hätte somit zu folgern, dass jenes Adhäsionswasser Naegeli's, das zwischen den Wassergliedern an der Wand der Capillaren zurückbleiben soll, die Verschiebbarkeit der Wasserglieder nicht fördert.

Dass ich im Uebrigen die thatsächlichen Uebereinstimmungen im Verhalten der Glascapillaren und pflanzlichen Wasserbahnen nicht übersehe und diese Uebereinstimmung vielmehr nur auf das richtige Maass zurückzuführen suche, das bitte ich in meinem Buche, so beispielsweise auch für den Durchfluss von Flüssigkeiten durch Capillaren, auf S. 826 zu vergleichen.

Es ist klar, dass allen mit abgeschnittenen Zweigen, Aesten, ja selbst Stämmen angestellten Versuchen über das

---

1) l. c. p. 919.

Saftsteigen der Vorwurf gemacht werden kann, sie seien unter veränderten Bedingungen ausgeführt. Die trachealen Leitungsbahnen der Pflanze stellen ein nach aussen fast luftdicht abgeschlossenes System dar [1]), das bei solchen Versuchen durch den Schnitt an dem einen Ende geöffnet wird, um die Versuchsflüssigkeit aufzunehmen. Ein allseitig gegen den atmosphärischen Druck abgeschlossenes System wird auf diese Weise — so lässt sich wenigstens annehmen — in ein am unteren Ende offenes Röhrensystem verwandelt, in welchem das Wasser durch Luftdruck bis zu 10 m Höhe gepresst werden kann. Um auch bei solcher Annahme noch Spielraum für andere in Betracht kommende Kräfte zu gewinnen, habe ich mit Aesten und Stämmen experimentirt, deren Höhe bis zu 22 m betrug. Zugleich stellte ich andere Versuche an, bei welchen der Druck der Atmosphäre durch die Saugung einer Wasserstrahlluftpumpe fast aufgehoben wurde [2]). Da die Flüssigkeiten, welche ich den Versuchsobjecten am unteren Querschnitt darbot, bis in den Gipfel der höchsten unter ihnen gelangten, auch wenn diese Objecte zuvor getödtet worden waren, so konnte nicht der Luftdruck allein deren Hebung bewirken. Weiterhin zeigten mir meine bei negativem Druck angestellten Versuche, dass das Saftsteigen in abgeschnittenen Pflanzentheilen auch ohne Hilfe des Luftdruckes vor sich gehen könne. Umgekehrt sucht Schwendener die ganze Steighöhe in den getödteten Objecten, mit denen ich operirte, durch atmosphärischen Druck zu erklären. Er zieht die Jamin'schen Ketten zu Hilfe und rechnet aus, dass auf solchem Wege unter Umständen in getödteten Stengeln die Steighöhe 13 bis 15 m betragen könne [3]). Ich

1) Vgl. l. c. p. 710 ff.

2) l. c. p. 794.

3) l. c. p. 934.

wies zuvor schon darauf hin, dass Schwendener entgangen ist, dass ich über weit bedeutendere Steighöhen, als die von ihm berechneten, in meinen Versuchen verfügte; ich würde auch nicht auf diesen Theil seiner Kritik hier zurückkommen, gälte es mir nicht, zu zeigen, wie wenig zutreffend überhaupt jene Schwendener'sche Berechnung ist, die ihm Steighöhen bis zu 15 m durch Luftdruck ergab. — Der gebrühte Stengel wird wasserreicher, als er vorher war, in diesem Zustande, meint Schwendener, beginnt der Versuch. In Folge der Transpiration des belaubten Gipfels nimmt die künstlich herbeigeführte Saftfülle ab, es dringt allmählich Luft in die Leitwege ein, und es bilden sich Jamin'sche Ketten. „Angenommen, der untere Theil eines solchen Stengels enthalte bis auf 5 m Höhe continuirliche Wassersäulen, an welche sich noch oben Jamin'sche Ketten anschliessen. Eine dieser Ketten bestehe aus 500 Wassersäulen von 10 mm Länge und ebenso vielen Luftblasen von gleicher Länge und normaler Spannung. Die Gesammtlänge der Kette beträgt hiernach 10 m. Ein Sinken derselben werde vorläufig durch Wurzeldruck verhindert. Nun beginne vom Gipfel her die Saugwirkung in Folge der Transpiration; es seien nach einer gewissen Zeit die oberen 250 Wassersäulen verschwunden. Die Länge der Luftblasen, welche mit den noch übrigen Wassersäulen alterniren, erfährt alsdann im Mittel eine Zunahme von 2 auf 3, folglich die Spannung eine Herabsetzung auf $^2/_3$ der ursprünglichen. Geben wir also der mittleren Luftblase diese Spannung und setzen wir den Widerstand eines Meniskenpaares = 5 mm Wasser, so erhalten wir für die übrigen Luftblasen die Spannungsreihe: 6041, 6046, 6051 .... 6666 .... 7291. Dabei ist vorausgesetzt, dass die 5 m lange, continuirliche Wassersäule am unteren Ende, welche nunmehr an eine Luftblase von 7291 mm

Spannung grenzt, einstweilen unverändert erhalten bleibe. Die Wassersäule, welche ursprünglich die 251. war und jetzt die oberste ist, steht in diesem Stadium nur etwa 17 mm vom oberen Ende der Kette ab, während dieser Abstand vorher 5010 mm betrug. Es hat also eine Verschiebung nach oben um rund 5 m stattgefunden. Die 250 übrig gebliebenen Wassersäulen sollen nun, wie wir weiter annehmen, nach einiger Zeit ebenfalls verschwinden, und gleichzeitig soll die bis dahin unverändert gedachte continuirliche Wassersäule von 5 m Länge sich in eine Jamin'sche Kette auflösen. Dann rückt das oberste Glied dieser neuen Kette weit nach oben von 5 m Höhe bis auf nahezu 15 m, und die übrigen Glieder vertheilen sich gesetzmässig auf die Gesammtlänge. Ist die Länge der einzelnen Glieder wieder gleich 10 mm (die Luftblasen auf Normalspannung reducirt), so ergiebt sich jetzt eine Spannungsreihe, welche je nach der Vorstellung, die man sich vom Auftreten der Luftblasen macht, etwas verschieden ausfällt. Aber wie dem auch sei, wenn das Verschwinden von Wassersäulen und die Ausgleichung der Spannung sich in der bisherigen Weise wiederholen, so erhalten wir Verschiebungen, welche 12 bis 13 m und darüber betragen."

Ich habe diese ganze Schwendener'sche Berechnung hier wörtlich abgedruckt, damit mich nicht der Vorwurf treffe, ich hätte aus der Kette der Beweise irgend ein nothwendiges Glied fortgelassen.

Schwendener nimmt in dem gebrühten Versuchsstengel, denen er seinen Berechnungen zu Grunde legt, bis auf 5 m Höhe continuirliche Wassersäulen an, welchen sich nach oben Jamin'sche Ketten anschliessen, von welchen die eine in Rechnung genommene 10 m lang sein und aus 500 Wassersäulen von 10 mm Länge und ebenso vielen Luftblasen derselben Länge und normaler Spannung bestehen soll. Ein Sinken dieser Kette werde vorläufig durch Wurzeldruck verhindert. Da die Stengel, mit denen ich experimentirt habe, zunächst abgeschnitten und dann erst gekocht wurden, so trifft die Voraussetzung, dass der Wurzeldruck irgend wie haltend eingegriffen hätte, für meine Versuche nicht zu. Durch Saugwirkung der Transpiration sollen hierauf die 250 oberen Wassersäulen verschwinden, die zuvor normal gespannten Luftblasen zwischen den 250 folgenden Wassersäulen sich im Mittel von 2 auf 3 ausdehnen und so die oberste dieser letzteren fast bis an die Stelle gelangen, in welcher sich ursprünglich die 500. Wassersäule befand. Dabei wird also angenommen, die Structurverhältnisse der trachealen Bahnen der Pflanze gestatteten eine solche Verschiebung, die thatsächlich ausgeschlossen ist. Ich sehe davon ab, dass die vergifteten Pflanzen, mit denen ich experimentirte und in welchen nach der Vergiftung der Flüssigkeitsaufstieg fortdauerte, zum Theil Nadelhölzer waren, deren Leitungsbahnen somit nur aus abgeschlossenen Tracheïden bestanden, doch nicht minder steht es für einen Jeden, der eine Vorstellung von dem Bau der Pflanze hat, fest, dass in den Gefässen eine Jamin'sche Kette sich nur auf sehr geringe Entfernungen verschieben könnte. Sie müsste zum Stillstand kommen an jeder der geschlossenen Scheidewände, welche die Gefässe stets aufweisen, ja zuvor schon an jeder leiterförmig oder nur kreisförmig durchbrochenen Scheidewand und selbst an jeder verengten Stelle des Gefässes. Wenige verengte Gefässstellen, capillar verstopft, reichen andererseits aus, um einer Atmosphäre Druck das Gleichgewicht zu halten. Statt Berechnungen anzustellen, die keine Rücksicht auf den inneren Bau der Gewächse nehmen, hätte Schwendener den Bau der trachealen Bahnen in Betracht ziehen und deren Inhalt in abgeschnittenen Zweigen näher prüfen sollen. Dann würde er wohl auch Bedenken gehabt haben niederzuschreiben: „Es hat also eine Verschiebung nach oben um rund 5 m stattgefunden.“ Dabei legte Schwendener für den Widerstand seiner Kette, deren Widerstand nach Gliederpaaren zu berechnen war, 10 mm lange Wassersäulen und Luftblasen seiner Berechnung zu Grunde, Gliederpaare von einer Länge, wie sie thatsächlich durch die Structur der trachealen Bahnen der Pflanze ausgeschlossen ist. Wäre es da unter allen Umständen nicht entsprechender gewesen, mit Gliederpaaren von 0,5 mm zu operiren, das heisst mit solchen, wie sie Schwendener in den Leitungsbahnen der Pflanzen beobachtet zu haben meinte und in einer älteren Arbeit beschrieb [1])? Die 5 m lange Jamin'sche Kette hätte dann freilich die stattliche Zahl von 5000 Gliederpaaren aufzuweisen und bei dem in Betracht gezogenen Widerstande von 5 mm Wasser für jedes Gliederpaar ganz andere Kräfte zu ihrer Verschiebung gebraucht. — Und dann heisst es weiter [2]), dass die 250 übrig gebliebenen Wassersäulen der Jamin'schen Kette ebenfalls verschwinden und gleichzeitig sich die bis dahin unverändert gedachte continuirliche Wassersäule von 5 m Länge in eine Jamin'sche Kette auflöse. „Dann rückt das oberste Glied dieser neuen Kette weit nach oben, von 5 m Höhe bis auf nahezu 15 m, und die übrigen Glieder vertheilen sich gesetzmässig auf die Gesammtlänge.“ Das wäre also eine Verschiebung der Jamin'schen Kette um volle 10 m. Führen wir denjenigen

1) Untersuchungen über das Saftsteigen, Sitzber. der Akad. d. Wiss. zu Berlin, math.-phys. Cl., Bd. XXXIV, 1886, p. 568.

2) Zur Kritik etc. p. 934.

Werth für die Gliederpaare ein, den Schwendener unserer Ansicht nach allein hätte benutzen sollen, = 0,5 mm, so giebt das 10000 Gliederpaare, die in Summa 5 Atmosphären zu ihrer Bewegung erfordern würden. — Und wie soll sich in den Wasserbahnen, nach der von Schwendener gedachten Construction, aus einer continuirlichen Wassersäule eine Jamin'sche Kette bilden, da doch jedes rasche Eindringen von Luft in die trachealen Bahnen erst bei hoher negativer Spannung innerhalb dieser Bahnen erfolgen kann? Da diese Bahnen unten offen sind und von dort auch nach der Schwendener'schen Annahme zunächst injicirt wurden, so würde wohl auch bei negativer Spannung innerhalb dieser Bahnen eine weitere Injection von unten aus, nicht aber Bildung Jamin'scher Ketten von den Seiten her erfolgen. — Auffällig überhaupt sind die Leistungen, zu welchen in Schwendener's „Kritik der neuesten Untersuchungen über das Saftsteigen" die Glieder der Jamin'schen Ketten sich befähigt zeigen. Nach seinen älteren Angaben in den „Untersuchungen über das Saftsteigen"[1]) hätte man das kaum erwartet. Denn da liest man Sätze wie diesen: „die Luftblasen spielen also im Tracheïdensystem eine ganz andere Rolle als in der Jamin'schen Kette. Sie dehnen sich zwar in gleicher Weise aus, wenn der Saftabfluss an irgend einer Stelle grösser ist als der Zufluss; sie wirken auch hier wie dort activ auf die Wasserbewegung ein, wenn sie in Folge von Temperaturänderungen sich vergrössern oder verkleinern — aber sie bewegen sich in einem wie im anderen Falle nicht von der Stelle"[2]). —

1) Sitzber. der Berl. Akad. d. Wissensch., phys.-math. Cl., Bd. XXXIV, 1886, p. 561.

2) l. c. p. 577.

In der „Kritik" rückt aber das oberste Glied der Jamin-schen Kette nach oben, es finden Verschiebungen statt, nach Bedarf bis auf 15 m. — Um auch zu der älteren Angabe Schwendener's Stellung zu nehmen, will ich bemerken, dass die Ausdehnung der Luftblasen in einer Wasserbahn Verdrängung von Wasser, dass die Zusammenziehung Einsaugung von Wasser zur Folge haben muss. Es wird in solcher Weise Wasser aus einer Bahn, in der negative Gasspannung sich einstellt, in andere Bahnen gedrängt werden, andererseits bei reichlicherer Wasserzufuhr die Füllung der entleerten Bahn von einer Zusammenziehung ihrer Luftblasen begleitet sein. An der Hebung des Wassers kann aber die Jamin'sche Kette in der lebenden Pflanze nicht betheiligt sein und ebensowenig auch an einer Hebung dieses Wassers in getödteten Pflanzentheilen. Da Jamin'sche Ketten zur Hebung des Wassers somit nicht zu verwerthen sind, die vorhandenen Hindernisse aber einer Verschiebung derselben durch Luftdruck entgegenstehn, so kämen nur zusammenhängende Wasserfäden noch in Betracht, die bei einer Betheiligung des Luftdruckes an der Hebung, mehr als 10 m Steighöhe nicht ergeben könnten, wodurch auch alle meine Versuche mit Pflanzentheilen, die ich bis über 10 m Höhe gebrüht hatte, in ihr beweisgültiges Recht treten.

Ich habe darauf schon hingewiesen, dass selbst für den Fall, dass der sonstige Bau der Gefässe die Verschiebung Jamin'scher Ketten innerhalb derselben gestatten sollte, die Bewegung an den geschlossenen Scheidewänden alsbald sistirt werden müsste. In meinem Buche über die Leitungsbahnen findet sich ein besonderer Abschnitt der Weite und Länge der Gefässe gewidmet [1]), ausserdem sind im anatomischen Theile

1) l. c. p. 510.

entsprechende Angaben zerstreut. Aus meinem Buche hätte Schwendener somit bereits ersehen können, dass die Länge der Gefässe eine beschränkte ist; und eine Bestätigung meiner Angaben hätte er in den seitdem erschienenen, unabhängig von den meinigen, durch Arthur Adler angestellten Untersuchungen [1]) gefunden. Ich habe meine Bestimmungen mit Quecksilber ausgeführt. Dieselben ergaben, dass bei der Eiche die Möglichkeit wohl vorliegt, dass einzelne Gefässe die Länge des ganzen Stammes erreichen, dass die Zahl solcher Gefässe aber nur gering ist und erst Gefässe von 2 m Länge zahlreich werden. Für Aristolochia ergab die Untersuchung 3 m als Maass für zahlreiche Gefässe, während bei Wistaria diese Länge nur von wenigen Gefässen erreicht wird. Zahlreiche der weiten Gefässe zeigten sich bei Wistaria ca. 1 m lang, und diese Länge wird auch von einer grossen Zahl von Gefässen bei Robinia Pseudacacia erreicht. Bei der auf Gefässleitung allein angewiesenen Ficus elastica waren Gefässe von 0,10 m Länge recht zahlreich, nur ganz vereinzelte Gefässe hatten in den untersuchten Stammtheilen 0,66 m Länge erreicht. Auch für die Weide, die in einer ähnlichen Lage wie Ficus sich befindet, gab ich an, dass man nach geschlossenen Scheidewänden in ihren Gefässen nicht lange zu suchen habe [2]). Die Länge der sehr weiten Gefässe der ebenfalls nur mit Gefässen das Wasser leitenden Albizzia bestimmte ich auf durchschnittlich 10 cm [3]). Bei meinen Versuchen fiel es mir vielfach auf, dass die längsten Gefässe in der Peripherie des Holzkörpers vertheilt sind, die Länge derselben somit wohl eine Zeit lang mit dem

1) Untersuchungen über die Längenausdehnung der Gefässräume. Inaug.-Diss. Jena 1892.

2) l. c. p. 211.

3) l. c. p. 169.

Alter zunimmt. — Adler wandte eine andere Methode, als ich für die Feststellung der Gefässlängen an, eine Methode, die sich für spätere Untersuchungen besonders empfehlen dürfte. Er benutzte die kolloidalen Eigenschaften des sog. dialysirten Eisens, des Liquor ferri oxychlorati der Pharm. germ. III, um damit die durch den Querschnitt geöffneten Gefässe bis zu einer jeweilig ersten, geschlossenen Scheidewand auzufüllen. Das kolloidale Eisenchlorid konnte eine solche Scheidewand nicht passiren. Die Füllung erfolgte durch Saugung, vermittels einer Luftpumpe. Wässrige Ammoniaklösung wurde dann nachgesogen und die farbige Eisenverbindung als rothbrauner voluminöser Niederschlag gefällt. So fand Adler das längste injicirte Gefässe bei Alnus glutinosa (5-jähriger Zweig) 5,7 cm, Aesculus Pavia (2-jähriger Zweig) 6,3 cm, Chamaedorea elatior (älterer Stamm) 8 cm, Corylus avellana (3-jähriger Spross) 11 cm, Betula alba (5-jähriger Zweig) 12 cm, Acer campestris (4-jähriger Zweig) 16 cm, Ulmus campestris (3-jähriger Zweig) 32,5 cm, Quercus pedunculata (2-jähriger Zweig) 57 cm, Robinia Pseudacacia (3-jähriger Zweig) 69,5 cm, Aristolochia Sipho (6-jährig) 210 cm [1]). Dass die von Adler gefundenen Gefässlängen im Allgemeinen kleiner als die von mir angeführten sind, schreibt Adler mit Recht dem Umstand zu, dass ich ältere Stammtheile untersucht habe [2]). Er selbst stellt die Längenzunahme der Gefässe in den aufeinander folgenden Jahresringen für Syringa vulgaris und Aristolochia Sipho fest und findet, dass in den beiden Fällen mit dem vierten Jahre der Höhepunkt der Entwickelung erreicht war. — Ich selbst

1) Einige wenige Beispiele von Pflanzen, die nur geringe Höhe erreichen, liess ich aus dieser Aufzählung weg.

2) l. c. Anm. p. 38.

habe nach der Adler'schen Methode noch die Gefässlängen bei der Weide, Pappel und Linde bestimmt. Statt der Luftpumpe benutzte ich aber eine Wasserstrahlluftpumpe für die Saugung, was eine rasche Durchführung der Versuche gestattete. Die benutzten Aststücke waren 20 bis 24 mm dick, je 20 und 10 cm lang. Wie in den Adler'schen Versuchen war an dem oberen Ende des Aststückes ein Glasrohr eingeschaltet, um an der Färbung der durchgesogenen Flüssigkeit den etwaigen Durchgang der Eisensalzlösung constatiren zu können. Die benutzte Eisenlösung, so wie officinelle Ammoniaklösung, wurde, wie bei Adler, mit je zwei Volumtheilen Wasser verdünnt. Soweit die Aststücke sich als undurchlässig für die Eisenlösung erwiesen, liess ich die Saugung circa eine halbe Stunde lang dauern, spülte, ohne die Wasserstrahlluftpumpe abzustellen, das untere Astende rasch mit Wasser ab und führte es in die Ammoniaklösung ein. Die Untersuchung konnte hierauf in der bequemsten Art und Weise ausgeführt werden. Ein kräftiges, zweijähriges, 22 mm dickes, 20 cm langes Aststück zeigte in halber Länge noch ca. 50 injicirte Gefässe, fast alle im äusseren Jahresringe. Weiter hinauf hörte die Injection alsbald auf; die starke Injection des Astes reichte annähernd 6 cm hoch hinauf. Die mittlere Länge der Gefässe der Weide dürfte somit, bei Berücksichtigung des Umstandes, dass nur junges Holz zur Untersuchung kam, über 10 cm betragen. Diesen Werth ergab auch die Untersuchung der so übereinstimmend gebauten Pappel. Ein 14-jähriges, 22 cm dickes und 20 cm langes Aststück zeigte in halber Länge die vier innersten Jahresringe schon frei von Injection, die drei nach aussen folgenden fast noch frei, dann eine rasche Zunahme, so dass in den beiden äussersten Jahresringen fast alle Gefässe sich injicirt zeigten. In 15 cm Höhe war nur noch eine geringe Zahl

Gefässe, sämmtlich auf die sechs äussersten Jahresringe beschränkt, mit braunem Inhalt erfüllt. Im Gegensatz zu Syringa und Aristolochia wurde somit in diesem Pappelast die maximale Länge der Gefässe erst mit dem achten Jahre erreicht. Einige wenige Gefässe, auf dieselben äusseren Jahresringe beschränkt, reichten bis zur oberen Schnittfläche, und das hatte die Folge gehabt, dass während des Saugens die Flüssigkeit über dem Aststück eine gelbliche Färbung annahm. Trotz der Länge von 20 cm, welche hier einzelne Gefässe zeigen, reichte eine allgemeine Injection, wie bei der Weide, nicht über 6 cm hoch hinauf und zeugte von neuem für die früher schon von mir constatirte Thatsache, dass nicht alle Gefässe gleiche Länge besitzen und eine maximale Länge nur von wenigen Gefässen erreicht wird. Ein 24-jähriger, 24 mm dicker, 20 cm langer Lindenast zeigte in 8 cm Höhe die Gefässe der 6 äusseren schmalen Jahresringe stärker injicirt, auffallender Weise auch den dritten und vierten Jahresring. Der dritte Jahresring war ähnlich schmal wie die äusseren und führte seiner ganzen Breite nach gelbbraunen Niederschlag in den Gefässen, der vierte Jahresring war hingegen breit, injicirt in ihm aber nur die Gefässe des Frühholzes, nicht die weiter nach aussen folgenden. Alle übrigen Jahresringe verriethen so gut wie gar keine Injection in dieser Höhe, also auch nicht der fünfte und sechste Jahresring. Dieser Fall zeigte somit an, dass unter Umständen auch ein zeitweiliges Zurückgehen der schon erreichten Gefässlänge möglich ist. Zugleich war deutlich festzustellen, dass die im Dickenzuwachs geförderte Oberseite dieses epinastischen Astes längere Gefässe als die Unterseite führte. Die Zahl der injicirten Gefässe nahm oberhalb der 8 cm sehr rasch ab, und in 14 cm Höhe zeigte kein Gefäss mehr braunen Inhalt. Eine annähernd allgemeine Injection der Gefässe reichte nur 4 cm hoch hinauf.

Ich nahm, durch Schwendener's Ansicht über Jamin-sche Ketten veranlasst, die Untersuchung der Gefässlängen von neuem auf, hatte aber noch ein anderes Ziel dabei im Auge. Ich wollte in einigen weiteren Fällen prüfen, ob meine Vorstellung, dass eine fortgeschrittene Arbeitstheilung in den Leitungsbahnen die Länge der Gefässe fördere, berechtigt sei. Ich glaube in der That für diese Vorstellung eintreten zu können. Wo die Leitung durch die Gefässe allein besorgt werden muss, wie bei der Weide, Pappel, Ficus, Albizzia, da bleiben die meisten, auch der weitesten Gefässe hinter 10 cm Länge zurück. Sie erreichen nur dort sehr bedeutende Länge, wo neben ihnen enge Gefässe und Tracheïden bestehen wie bei der Eiche, bei Wistaria, Aristolochia. Ich finde darin eine weitere Stütze für meine Auffassung, dass in solchen Fällen die weiten Gefässe, die sich ausserdem meist luftreicher als die übrigen trachealen Elemente zeigen, vorwiegend als Reservoire fungiren. Dass übrigens auch bei fortgeschrittener Differenzirung in den trachealen Bahnen die Gefässe relativ kurz bleiben können, zeigt das Beispiel von Tilia; als weit sind deren Gefässe freilich nicht zu bezeichnen, insbesondere ist auch kein grosser Gegensatz zwischen ihrer Weite und derjenigen der übrigen leitenden trachealen Elemente vorhanden.

Nicht ausser Betracht darf bei Bestimmung der Gefässlänge auch die grössere oder geringere Zahl der nur mit engen Oeffnungen durchbrochenen Scheidewände bleiben. Dieselben wirken ja in mancher Beziehung ähnlich wie geschlossene Scheidewände. Jeder Stammquerschnitt von Albizzia moluccana führt sie in grösserer Zahl innerhalb der weiten Gefässe vor. Sie erschienen nur mit engem Loch oder schmalem Spalt durchbrochen.

Dass der Luftdruck in dem unversehrten Baum nicht hebend auf das tracheale Wasser einwirken kann, geht schon daraus hervor, dass die trachealen Bahnen ein nicht allein an ihrem oberen Ende, sondern allseitig abgeschlossenes System darstellen, durch dessen Wandungen die Luft nur dann rasch diffundirt, wenn der Druckunterschied der beiden Seiten fast eine volle Atmosphäre beträgt. Alle Versuche lehrten übereinstimmend, dass die negative Gasspannung, die sich in den trachealen Bahnen bei Wassermangel einstellt, stets local beschränkt bleibt. Unter Quecksilber durchschnittene Zweige saugen dasselbe immer nur in einer beschränkten Anzahl von Gefässen ein. Es müssen somit selbstthätige Einrichtungen vorhanden sein, welche die einen Bahnen gegen die anderen abschliessen: diese Aufgabe fällt den Hoftüpfeln zu. Thatsächlich würden sonst leicht allgemeine Functionsstörungen sich einstellen, wenn mit dem Augenblick, wo das vorhandene Wasser nicht mehr ausreicht, um alle Bahnen zu füllen, der negative Druck sich gleichmässig über alle Bahnen ausbreiten könnte. Da die Wasserbahnen stets Luftblasen enthalten, müsste die Ausdehnung derselben bald den Aufstieg hemmen. Solche Erscheinungen bleiben aber eben auf einzelne Bahnen beschränkt, und diese werden ausgeschaltet, bis das neu hinzugeführte Wasser sie füllen kann. Selbst bei der anhaltenden Dürre des Sommers 93 waren in Zweigen, die, unter Quecksilber durchschnitten, besonders stark injicirt sich zeigten, stets zahlreiche Bahnen vorhanden, in welche das Quecksilber nicht eindrang. Solche Bahnen fand ich bei mikroskopischer Untersuchung mit Wasser erfüllt und konnte nicht bezweifeln, dass sie es waren, die sich gerade in Function befanden. Auch soweit negativer Druck in den Bahnen herrscht, ist derselbe von Bahn zu

Bahn verschieden, wie der sehr ungleich hohe Aufstieg des Quecksilbers zeigt.

Die gesammte Stärke der Quecksilberinjection kann ein Bild geben von der Summe des localen negativen Drucks, der in dem gegebenen Augenblicke in dem Zweige herrschte. Ich benutzte dies, um festzustellen, ob wohl diese Summe in irgendwie auffälliger Weise verschieden sei, je nach der Höhe, in welcher der Zweig am Baume entspringt. Es war mir klar, dass auf diese Weise allein sich von der Vertheilung des Luftdruckes, je nach der Höhe, im Baume ein zutreffendes Bild würde gewinnen lassen, nicht aber, wie es neuerdings wieder von Schwendener geschah[1]), durch eingebohrte Manometer, die ja im besten Falle nur in wenigen trachealen Bahnen münden können, ausserdem von vornherein die gestellte Frage unrichtig beantworten müssen, weil sie ja im Innern des Holzkörpers auch auf die Intercellularen des Holzparenchyms und der Markstrahlen treffen, Intercellularen, welche mit der den Stamm umgebenden Atmosphäre in Verbindung stehen. Das Bild der Quecksilberinjection hat aber auch nur einen eingeschränkten Werth. Es wird die volle negative Spannung der Gefässluft nur dort zum Ausdruck bringen, wo die Länge der Gefässe dies zulässt. In keinem Falle kann ja das Quecksilber in einem Gefässe höher als bis zur nächsten Querwand aufsteigen. Bei Pflanzen, die meterlange Gefäße besitzen, könnte somit in diesen selbst ein bis 70 cm hoher Quecksilberaufstieg beobachtet werden, ein Aufstieg, der dem Widerstand entspricht, den die Gefässwandung dem raschen Eindringen von Luft entgegensetzt;

1) Untersuchungen über das Saftsteigen, Sitzber. der Akad. d. Wissensch. zu Berlin, math.-phys. Cl., Bd. XXXIV, 1886, p. 583 ff.

in Pflanzen, deren längste Gefässe 10 cm nicht übersteigen, würde damit auch die grösstmögliche Höhe für das eingedrungene Quecksilber gegeben sein. Jüngere Zweige könnten auch, bei gleicher negativer Spannung wie ältere, einen weniger hoch reichenden Quecksilberaufstieg zeigen, da ihre Gefässe kürzer sind. Bei Berücksichtigung aller dieser Momente, auf deren Bedeutung seitdem auch von Adler hingewiesen worden ist [1]), untersuchte ich zwei Linden (Tilia parvifolia und pubescens), eine Platane, eine Robinie und Wistaria. Um in grösserer Höhe den Bäumen Zweige unter Quecksilber entnehmen zu können, wurden entsprechende, aus Leitern zusammengesetzte Gerüste aufgebaut; die Wistaria liess sich in 10,5 m Höhe von den Fenstern des botanischen Institutes aus untersuchen. Weiterhin kam ich dahin, für die Feststellung des Luftdruckes in bedeutender Höhe am Baume nur noch Zweige abgesägter Aeste zu benutzen. Es geschah dies, nachdem ich bei der Linde constatirt hatte, dass bei sofortiger Untersuchung aus solchem Verfahren nachweisbare Fehler nicht erwachsen. Es kamen alsdann aber sehr starke und lange Aeste zur Verwendung, meist 6 bis 8 m lang. Sofort nach dem Absägen mit einem Seil abwärts gezogen, wurden dann ihre Zweige unter Quecksilber durchschnitten. Es zeigte sich, wie schon angegeben, bei diesen Versuchen, dass der Luftdruck sich nur auf geringe Entfernungen von der Schnittfläche im Holzkörper rasch ausgleichen kann, und dass die Trennung des Astes vom Stamme den in den Zweigen desselben herrschenden Druck nicht in bemerkbarer Weise beeinflusste. So war es auch v. Höhnel schon aufgefallen, dass in abgeschnittenen Zweigen der negative Luft-

1) l. c. p. 42.

druck sich nur langsam ausgleicht [1]). Er schrieb das der geringen Bewegungsgeschwindigkeit der Luft in Capillarröhren von der Beschaffenheit der Gefässwände, zum Theil wie bei den weiteren Gefässen der Eiche, Verstopfungen zu [2]). Das Alles kommt aber sicher, wie auch schon Adler hervorhebt [3]), nur wenig in Betracht, hauptsächlich hingegen, wie auch Adler meint, die Unterbrechung durch Querwände und in diesen, wie ich hinzufügen möchte, die selbstthätigen Verschlüsse durch Hoftüpfel, sowie auch die capillaren Verstopfungen an den verengten Stellen der Bahnen, welche ebenfalls schon jeden weiteren Ausgleich der Gasspannung verhindern. Es sind das zusammen die nämlichen Ursachen, welche auch bedingen, dass Luft durch offene Wunden, selbst nach Entfernung eines starken Astes, nur zu geringer Tiefe in den Schaft eindringt. Bei meinen Versuchen zeigte es sich demgemäss ohne Belang, ob der untere Querschnitt des abgesägten Astes sofort mit Theer verschmiert wurde oder offen der atmosphärischen Luft ausgesetzt blieb. Dass die zu beobachtenden Zweige der Versuchsobjecte in möglichst aufrechter Stellung unter Quecksilber durchschnitten werden mussten, brauche ich hier wohl nicht mehr hervorzuheben. Es wurden den untersuchten Bäumen je 12 Zweige, der einen Linde (Tilia pubescens) sogar 15 Zweige entnommen. Die Zweige stammten, zu je drei, aus Höhen von annähernd 3, 5, 8 und 12 m. Bei der einen Linde wurden auch drei Wurzelsprosse untersucht. Von der Glycine kamen nur zwei Zweige in geringer Entfernung über dem Boden und zwei Zweige in 10,5 m Höhe zur Untersuchung. Die Ausführung der Versuche

---

1) Ueber den negativen Druck der Gefässluft, Inaug.-Diss. Wien 1876, p. 20 ff.

2) l. c. p. 27.

3) l. c. p. 54.

fiel in die Mitte des Juni, eine heisse und sonnige Zeit, welche einer bereits mehrwöchentlichen Dürre folgte. Von den drei Wurzeltrieben der Linde sog trotzdem nur der eine in wenige Gefässe und nur zu geringer Höhe das Quecksilber ein. Augenscheinlich wurden diese den Wurzeln direct aufsitzenden Triebe immer noch in völlig ausreichendem Maasse mit Wasser versorgt. — Die Zahl der Gefässe, welche in den anderen Zweigen das Quecksilber aufsogen, und die Höhe, bis zu welcher das geschah, hier im Einzelnen anzuführen, hätte keinen Zweck [1]), ich begnüge mich mit der Mittheilung des allgemeinen Ergebnisses, dass sich die Summe des negativen in den trachealen Bahnen herrschenden Druckes ganz unabhängig von der Höhe zeigte, in welcher ich die Zweige entnahm. Im Wesentlichen konnte ich aber alsbald voraussehen, wie der einzelne Zweig sich verhalten würde: stark belaubte, freier exponirte Zweige nahmen das Quecksilber in

1) Nur für Wistaria, deren lange Gefässe den maximalen Aufstieg zulassen, und wo ich die Zahl der injicirten Gefässe genau bestimmte, sei hier für zwei annähernd gleich starke Zweige eine genauere Angabe gemacht. Beide Zweige wurden am 8. Juni gegen 10 Uhr Morgens, in voller Sonne, bei 28 ° C unter Quecksilber durchschnitten; beide standen im dritten Jahr. Der eine, 2 m hoch entnommen, mit etwa zusammen 350 grossen Gefässen versehen, zeigte in 1 cm Höhe 37; in 5 cm Höhe 24; in 10 cm Höhe 13; in 20 cm Höhe 9; in 30 und 40 cm Höhe 7; in 50 cm Höhe 4 injicirte Gefässe; in 60 und 65 cm Höhe nur 1, in 66 cm kein injicirtes Gefäss. Der zweite, in 10,5 m Höhe entnommene Zweig, mit einer etwas kleineren Anzahl weiter Gefässe wie der erste und etwas schwächer belaubt, zeigte in 1 cm Höhe 30 injicirte Gefässe. Die Zahl derselben nahm in ähnlichem Verhältniss wie beim ersten Zweige ab, um aber in 36 cm Höhe nun ganz aufzuhören. In beiden Zweigen waren injicirt ganz vorwiegend die Gefässe der äussersten Jahresringe.

mehr Gefässe auf und sogen es höher empor als schwächer belaubte oder vor starker Verdunstung durch andere Zweige geschützte. Schwache, wenig belaubte Seitenzweige, die einem stärkeren Aste seitlich in den inneren Theilen der Krone entsprangen, sogen im Allgemeinen, trotz der vorausgegangenen Dürre, kaum Quecksilber auf. Negative Gasspannung, falls vorhanden, reichte in diesen Zweigen somit nicht aus, um die capillare Depression des Quecksilbers zu überwinden. Nicht uninteressant, und vielleicht einer weiteren Untersuchung werth, erschien mir die Wahrnehmung, dass die blühenden Zweige der Tilia pubescens, aus welcher Höhe sie auch stammen mochten, sich durch kräftige und reichliche Einsaugung des Quecksilbers auszeichneten: die Verdunstung mag an solchen Zweigen, vielleicht durch die Hochblätter, besonders gefördert sein.

Ich hatte für meine Versuche solche Bäume gewählt, deren Krone höchstens 3 m über dem Boden begann, und ähnlich war auch die Glycine ihrer ganzen Höhe nach belaubt. Denn es galt mir eben, festzustellen, ob innerhalb der Krone, unter annähernd gleichen Transpirationsverhältnissen, sich Unterschiede der inneren Gasspannung ergeben würden, aus welchen man auf eine Betheiligung des Luftdruckes am Saftsteigen schliessen könnte. Wäre dies der Fall, so müsste die negative Spannung in den Bahnen mit der Höhe zunehmen. Das ist nun nicht der Fall und wurde thatsächlich in keiner Höhe am Baum in die zur Zeit activen Bahnen Quecksilber in überhaupt merklicher Menge eingesogen. Wenn somit spätere Untersuchungen, nach entsprechenden Methoden ausgeführt, die früheren Angaben bestätigen und zeigen sollten, dass unter Umständen der negative Druck in einem Stamm nach oben zunehmen kann, so müsste für diese Erscheinung eine andere Ursache als die der Wasserhebung gesucht werden. Es ist in der That ohne weiteres einleuchtend, dass in einem Stamm mit gipfelständiger Krone zur Zeit kräftiger Transpiration Wassermangel sich zunächst in den oberen Theilen und dort auch negative Gasspannung in erhöhtem Maasse einstellen kann.

Ich konnte seiner Zeit bestätigen, dass auch in Zweigen, die unter Wasser vom Mutterstamme getrennt worden waren und die im Wasser seit längerer Zeit standen, deren Schnittfläche somit über beliebige Mengen von Wasser verfügte, negativer Gasdruck in einzelnen Leitungsbahnen bestehen könne[1]). Diese Erscheinung suchte v. Höhnel[2]) auf die Verstopfung einzelner Bahnen an der Schnittfläche durch ausgetretene, beziehungsweise auch durch Bakterien erzeugte schleimige Substanzen zurückzuführen. Wieler stellte dann fest, dass zu den erstgenannten vor allem auch Verstopfungen durch Thyllen und Gummibildung sich gesellen, und dass diese schon nach wenigen Stunden erzeugt werden können[3]). Immerhin glaubte ich mit einer Pflanze, die allseitig ausgebildete Verbindungen innerhalb ihrer Leitungsbahnen aufzuweisen hat, einige Versuche über Vertheilung des Luftdruckes in abgeschnittenen transpirirenden Aesten aufstellen zu müssen. Die weitgehende Verbindung der Bahnen unter einander konnte ja die durch Verstopfungen verursachten Störungen in grösserer Entfernung von der Schnittfläche wieder ausgleichen. Ich wählte demgemäss die Linde zu

1) l. c. p. 714.

2) Ueber die Ursache der raschen Verminderung der Filtrationsfähigkeit von Zweigen für Wasser, Bot. Ztg., 1879, Sp. 318.

3) Ueber das Vorkommen von Verstopfungen in den Gefässen mono- und dicotyler Pflanzen, in Mededeelingen van het Proefstation „Midden-Java“ te klaten, 1892, p. 28 und im Biologischen Centralblatt, Bd. XIII, 1893, p. 594.

meinen Versuchen und prüfte, ob in ihren in Wasser gestellten Aesten negativer Luftdruck sich einstellt beziehungsweise erhalten bleibt und wie nach geraumer Zeit dessen Vertheilung ist. Es frug sich, ob diese Vertheilung Anknüpfungen für eine etwaige Betheiligung des Luftdruckes am Wasseraufstieg in einem mit offenem Querschnitt in Wasser tauchenden Pflanzentheile ergebe. Die drei Lindenäste, mit denen ich operirte, schwankten bei senkrechter Aufstellung zwischen 4,9 und 5,2 m Höhe; ihre Dicke bewegte sich zwischen 5 und 8 cm. Wie schon früher angegeben wurde, nehmen Lindenäste selbst bei verschlossenem Querschnitt durch die entrindete Aussenfläche ihres Holzkörpers Eosinlösung auf und färben mit derselben alle ihre Bahnen, somit konnte auch bei theilweiser Verstopfung der Bahnen in der Nähe und in einiger Entfernung vom Querschnitt das aufgenommene Wasser sich bald gleichmässig in dem starken Ast vertheilen. Die Versuche wurden in der zweiten Junihälfte bei heissem, trockenem Wetter angestellt. Ich liess die Aeste am Nachmittag absägen, sofort in Wasser stellen, darin die Schnittfläche einige Centimeter höher erneuern und mit scharfem Messer glätten. Die Aeste blieben hierauf die ganze Nacht über in Wasser stehen, um möglichst sich mit demselben sättigen zu können, waren dann am nächsten Morgen der vollen Sonne ausgesetzt und hierauf wurden zwischen 9 und 10 Uhr Morgens eine grössere Zahl ihrer Zweige unter Quecksilber durchschnitten. Der negative Luftdruck in den Zweigen war in solchen Versuchen nicht bedeutend, und es wuchs die Zahl der injicirten Bahnen nur in einzelnen derselben stärker an. Der eine Versuchsast zeigte negativen Druck nur in dem obersten seiner Zweige und hätte somit die Vorstellung bestärken können, dass Luftdruck beim Wasseraufstieg hier im Spiele sei, wären nicht die Ergebnisse mit den beiden anderen Aesten im entgegengesetzten Sinne ausgefallen. An dem einen dieser beiden anderen Aeste wurden die unteren und die obersten Zweige gleich stark injicirt, während die mittleren entweder gar keine oder nur Spuren einer negativen Spannung zeigten; an dem anderen Aste liess sich gar kein bestimmtes Verhältniss der Injection nach der Höhe feststellen. Uebereinstimmend musste ich schliesslich für alle drei Aeste zu dem Ergebniss gelangen, der negative Druck in den Zweigen habe sich vor allem nach der Stärke der Belaubung gerichtet und sei durch die Ausgiebigkeit der Transpiration im Verhältniss zu dem gegebenen Durchmesser des Zweiges bestimmt worden. Es hatte sich somit ergeben, dass auch in abgeschnittenen Aesten durch starke Transpiration einzelne Bahnen mehr oder weniger entleert werden können. — Die mikroskopische Untersuchung des Holzkörpers auf die Vertheilung von Luft und Wasser, die 1 m hoch über der unteren Schnittfläche vorgenommen wurde, zeigte in demjenigen Lindenast, der negative Gasspannung nur in dem obersten Zweige aufgewiesen hatte, die trachealen Bahnen des letzten Jahresringes fast ganz frei von Luft, die folgenden Jahresringe mit rasch zunehmender Luftmenge. In den beiden anderen Lindenästen waren auch in dem letzten Jahresringe Luftblasen in den Gefässen ziemlich zahlreich vertreten.

In den trachealen Bahnen der unversehrten Pflanze wirkt die negative Spannung in den einzelnen Bahnen dahin, sie bei reichlicherem Wasserzufluss wieder mit Wasser zu füllen. Es ist somit wichtig genug, dass in entleerten Bahnen der negative Gasdruck möglichst lange erhalten bleibe und dass Luft von aussen nicht leicht in dieselben eindringe. Daher auch alle die Einrichtungen im Bau, die ich im anatomischen Theile meines Buches geschildert, auf die ich in einem besonderen Abschnitt jenes Buches dann noch hingewiesen habe [1]), und die dahin zielen, den Luftzutritt in die trachealen Bahnen möglichst zu erschweren.

Ich hatte seinerzeit Versuche angestellt, bei welchen Coniferenzweige eine Farbstofflösung aufzunehmen hatten, die einer Saugung von 72,5 bis 75,5 cm Quecksilber ausgesetzt war [2]). Diese Versuche sollten zeigen, dass der Luftdruck an dem Wasseraufstieg in der Pflanze nicht betheiligt ist. Ein Eingreifen der lebendigen Elemente in den Vorgang war aber in jenen Versuchen nicht ausgeschlossen, da die Versuchszweige nur an ihrem unteren Ende gebrüht worden waren. Meine Erfahrung an jener Fichte, die nach erfolgter Tödtung durch Kupfersulfat bis in die Nadeln zunächst noch fortfuhr Kupfersulfatlösung aufzunehmen, und die Angabe von Boehm, dass „die Blätter gekochter Tannensprosse", sowie anderer Pflanzen, „fortfahren ihren Wasserverlust aus dem Zweige zu ersetzen" [3]), führten mich dahin, meine früheren Versuche, noch mit gebrühten Coniferen-Aesten, zu wiederholen. Dass ich mich von neuem an Coniferen wandte, war durch meine frühere Erfahrung veranlasst, dass die Leitungsbahnen dieser Pflanzen auch bei sehr hohem negativen Druck Luft nicht einsaugen und daher in Function verbleiben. Ich wählte zunächst für den Versuch einen 3,40 m langen, 22 mm dicken, 9 Jahre alten, nur an seinem Ende belaubten Seitenast von Taxus baccata aus. Ich liess denselben am 8. Juli Vormittags 1 Stunde lang in einer Badewanne in Wasser von 90 bis 80° C brühen und mit entrindetem unteren

1) l. c. Der Abschluss der trachealen Bahnen, p. 710 bis 729.

2) l. c. p. 795.

3) Bot. Centralbl., Bd. XLII, 1890, p. 270, und Ber. d. Deut. bot. Gesellsch., 1892, p. 623 ff.

Ende durch Gummipfropf hermetisch in ein mit Eosinlösung vollständig angefülltes Gefäss von 1 Liter Inhalt einsetzen. Der Gummipfropf war auch mit einem Glasrohr, welches die Flüssigkeit im Glase aber nicht erreichte, versehen. Dieses Glasrohr stand mit dem oberen Schenkel eines T-Rohres in Verbindung, das mit seinem unteren Ende in Quecksilber tauchte. Das andere Ende des oberen Schenkels am T-Rohr communicirte mit der Wasserstrahlluftpumpe. Es wurde sofort mit voller Saugung eingesetzt; die Höhe der Quecksilbersäule im T-Rohr erreichte alsbald fast volle Barometerhöhe und erhielt sich während der ganzen Dauer des Versuches zwischen 72,5 bis 73,5 cm. Das getödtete Laub des Zweiges trocknete während des Versuches langsam ein, es wurde vom 6. Tage an brüchig. Die Laubmenge am Spross war gering, der Aufstieg der Farbstofflösung daher nur langsam. Ich controlirte denselben durch Einschnitte in die Rinde, die bis zum Holz reichten. Am 8. Tage war der Farbstoff in 2,5 m Höhe nachzuweisen. Die Blätter waren jetzt ganz dürr, und der Flüssigkeitsaufstieg hörte fast auf. Daher brach ich am 12. Tage den Versuch ab. Die Untersuchung lehrte, dass bis zu 2,5 m Höhe die vier äusseren Jahresringe des Sprosses vollständig durchfärbt waren. Weiter hinauf nahm die Gleichmässigkeit der Färbung ab, um in 3 m Höhe aufzuhören. Bis zu den Blättern, die auf das Ende des Sprosses beschränkt waren, gelangte der Farbstoff nicht. So weit gefärbt, führten die Jahresringe des Sprosses in ihren Frühtracheïden nur sehr wenig Luft, doch auch in den Spättracheïden wurde der Luftgehalt erst bedeutend in dem innersten der gefärbten Jahresringe. Die ungefärbten, nach innen zu folgenden Jahresringe zeigten sich von Luft ganz erfüllt. Auch in den letzten Auszweigungen des Astes fand ich den Holzkörper noch luftarm, ungeachtet der Farbstoff diese Auszweigungen nicht mehr erreicht hatte; die Blätter hingegen führten Luft in ihren Tracheïden: sie waren demgemäss auch völlig ausgetrocknet. — Ein zweiter entsprechender Versuch begann am 20. Juli Vormittags. Es wurden zu demselben drei Taxus-Aeste verwandt. Zwei dieser Aeste, annähernd gleich stark, liess ich ganz in derselben Weise wie den Ast des ersten Versuches brühen. Ein dritter, wesentlich kürzerer, doch gleich stark belaubter Ast blieb frisch. Alle drei Aeste stellte ich hierauf unter sonst gleichen Bedingungen in Eosinlösung auf. Der eine der gebrühten Aeste wurde mit der Wasserstrahlluftpumpe verbunden. Den Aufstieg der Eosinlösung und den Flüssigkeitsverbrauch in den Gläsern controlirte ich alle 12 Stunden und zwar je um 8 Uhr Abends und 8 Uhr Morgens. Zunächst war nur ein Vergleich zwischen den beiden frei aufgestellten Aesten möglich, da die Wasserstrahlluftpumpe aus dem mit ihr verbundenen Aste Wasser sog. Zugleich strömte Luft aus den inneren Holztheilen jenes Astes in die Flüssigkeit und verursachte ein Aufschäumen derselben. Der Quecksilberstand in dem angeschlossenen T-Rohr war trotzdem sehr hoch; er hielt sich fast unverändert auf 74 cm, somit höher als bei dem ersten Versuch, was, bei fast gleichem Barometerstand im Freien, vornehmlich durch die weniger hohe Temperatur der Umgebung, daher kleinere Dampfspannung im Innern der Gläser bedingt sein mochte. Die zunächst aus dem Ast in das Gefäss erfolgende Einsaugung von Flüssigkeit und Luft verhinderte nicht das gleichzeitige Aufsteigen der Farbstofflösung in den thätigen Leitungsbahnen. Nur war dieser Aufstieg zunächst langsamer als in dem gekochten Vergleichsaste. Später hörte ein solcher Unterschied zwischen beiden Aesten auf, und zwar zugleich mit dem Aufhören eines merklichen Ausströmens von Luft aus der Querschnittfläche des unter negativem Druck befindlichen Astes. In den ersten 24 Stunden stieg der Farbstoff in letzterem um ca. 80 cm, in dem anderen gekochten Aste um ca. 1,5 m. In 48 Stunden fand ich den Farbstoff in dem unter negativem Druck stehenden Aste 1,4 m hoch, in dem anderen ca. 2,1 m. Weitere 24 Stunden später, also in 3 Tagen, erreichte der Farbstoff in dem einen Aste 1,8 m, in dem anderen 2,5 m. Weiter ging der Aufstieg in beiden gekochten Aesten nur noch langsam von Statten, da am 4. Tage bereits die Nadeln trocken zu werden begannen und die mikroskopische Untersuchung zum Theil schon Luft in der trachealen Bahn derselben aufwies. So kam es, dass am 6. Tage früh, als der Versuch abgebrochen wurde, sich der eine Ast bis 2,5 m ganz durchfärbt zeigte, höher hinauf unvollkommen, in 2,75 m Höhe nur noch in Spuren, der andere Ast bis 3 m Höhe vollkommen, von da an noch unvollkommen, in 3,5 m Höhe nur noch an einzelnen Stellen. Der ursprüngliche Vorsprung des frei die Farbstofflösung aufnehmenden gekochten Astes blieb demselben erhalten, doch folgte der unter negativem Druck die Farbstofflösung aufnehmende Ast weiterhin in gleichem Tempo nach. In beiden gekochten Aesten wurde das Steigen der Farbstofflösung mit dem Augenblicke sistirt, wo die Transpiration in den Blättern aufhörte; die fast einer vollen Atmosphäre entsprechende Saugung blieb aber als solche wirkungslos, verhinderte den Aufstieg nicht, vermochte ihn auch nicht anders als durch secundäre Hindernisse bei Beginn des Versuches zu verlangsamen. Die gesammte Flüssigkeitsabnahme in dem einen Gefäss unter negativem Druck betrug 400 ccm, in dem anderen ohne negativen Druck 600 ccm. Doch ist dabei in dem ersten Gefäss die Flüssigkeitsmenge zu addiren, die durch Saugung aus dem Aste in jenes Gefäss gelangte, freilich andererseits zu subtrahiren die nicht näher bestimmte Flüssigkeitsmenge, die durch Dampfbildung bei aufgehobenem Luftdruck dort verloren ging. Der ungekochte kürzere, doch, was vor allem maassgebend ist, gleich stark belaubte Ast verbrauchte während der gleichen Zeit 675 ccm Flüssigkeit. In den ersten Tagen hielten der gekochte, frei aufgestellte und der frische Zweig in der Flüssigkeitsaufnahme annähernd gleichen Schritt, nur dass der gekochte Zweig annäherud gleich viel am Tage wie bei Nacht, der ungekochte hingegen mehr am Tage als bei Nacht verbrauchte. Dasselbe hat Böhm beim Vergleich der Transpiration gebrühter und ungebrühter Sprosse beobachtet und mit Recht schon hervorgehoben, dass vitale Vorgänge, wie der Schluss der Spaltöffnungen [1]), das Verhalten der ungebrühten Sprosse hinlänglich erklärten. Nach Ablauf von 72 Stunden war der Farbstoff bis in den Gipfel des frischen, 3 m hohen Astes gelangt; die Vasaltheile der Bündel in den Blättern erschienen bereits roth. Trotzdem behielten die Blätter auch nach Ablauf von 6 Tagen, also bis zu dem Augenblick, wo der Versuch unterbrochen wurde, ihr frisches Aussehen. Von dem 4. Tage an, wo die Blätter der gebrühten Sprosse dürr zu werden begannen, fing die Flüssigkeitsaufnahme durch den frischen Spross an diejenige durch die gekochten zu übersteigen. Ich brauche wohl nicht erst zu bemerken, dass ich die Farbstofflösung, welche dem frischen Aste, wie dem gekochten, den ich als frei aufgestellt bezeichnet habe, darbot, durch Korkverschluss vor freier Verdunstung schützte, die Verdunstung somit nicht als Fehlerquelle in die Beobachtung eingriff. Wie an dem unter negativem Druck arbeitenden, so hatte ich auch an den beiden anderen Aesten den unteren

1) Transpiration gebrühter Sprosse, Ber. d. Deutsch. Bot. Gesellsch., 1892, p. 626.

Theil des Stammes, soweit er in Flüssigkeit tauchte, von der Rinde entblösst. Von den beiden gekochten Aesten war der unter Saugung gestellte 3,9 m, der andere 4 m hoch. In beiden hatte somit während der Versuchsdauer die Farbstofflösung den Scheitel nicht erreicht. Der erste Ast besass eine Dicke von 22 mm und 15 Jahresringe, der zweite 21 mm Dicke und 16 Jahresringe, der frische 22 mm Dicke und 15 Jahresringe. In allen dreien zeigte sich der gesammte Splint im unteren Theile gefärbt; in den Scheiteltheilen war der frische Ast ganz durchfärbt, während in den gekochten Aesten, aus den schon angeführten Gründen, die Färbung dort unterblieb.

In diesen Versuchen war somit die Wirkung des Luftdruckes und die Betheiligung lebender Zellen an dem Wasseraufstieg ausgeschlossen. Da die Bahnen mit Wasser in gleichem Verhältniss bis oben angefüllt waren, so konnte auch der Zug concaver Menisken nicht in Betracht kommen. Die Untersuchung zeigte die Lumina der Bahnen mit farbiger Flüssigkeit erfüllt und konnte somit auch nicht angenommen werden, dass in diesem Falle, abweichend von anderen, der Aufstieg innerhalb der Zellwände erfolgt sei. Das Alles musste nur von neuem meine Vorstellung bestärken, dass es sich beim Saftsteigen in den Leitungsbahnen der Pflanzen um einen besonderen physikalischen Vorgang handle, dessen Zustandekommen durch den specifischen Bau und die specifischen Eigenschaften der Leitungsbahnen ermöglicht sei.

Nach alledem darf ich wohl aber annehmen, dass, ganz wie in den getödteten Taxuszweigen, die eine Flüssigkeit aufzunehmen hatten, welche der Saugung einer vollen Atmosphäre ausgesetzt war, auch in solchen Sprosstheilen, mit denen ich früher experimentirt und die ich zunächst getödtet, dann getrocknet, hierauf aufgeweicht und mit Wasser injicirt hatte, der Luftdruck den Flüssigkeitsaufstieg in dem darauf folgenden Versuche nicht bedingte. Schwendener hat dieser meiner Versuche gar nicht erwähnt, und doch dürften dieselben berufen sein, den Ausgangspunkt für weitere Untersuchung und für eine rein physikalische Behandlung der Kräfte zu bilden, die an dem Wasseraufstieg in der Pflanze betheiligt sind. Während es bis dahin als ausgemacht galt, dass die Leitungsbahnen der Pflanzen durch Austrocknen ein für alle Mal ihre Leistungsfähigkeit einbüssen, zeigte ich zum ersten Mal, dass dies nicht der Fall zu sein braucht [1]). In getödteten und hierauf getrockneten Sprosstheilen, die trocken in Eosinwasser gestellt wurden, stieg diese Lösung nur um wenige Centimeter über die umgebende Flüssigkeitsoberfläche. Sie stieg bei weitem nicht so hoch in den Gefässen, als es die capillare Steighöhe derselben verlangte, woraus zugleich hervorging, dass in trocknen Gefässen das Wasser ebenso schlecht wie in Glascapillaren mit trocknen Wänden sich erhebt. Wurden dagegen die durch Brühen getödteten und dann getrockneten Sprosse in Wasser aufgeweicht und mit der Wasserstrahlluftpumpe hierauf injicirt, so stieg die gebotene Flüssigkeit in ihnen wie im lebenden Pflanzentheile. Das Aufweichen allein genügte nicht, die Bahnen mussten auch bis zu einem gewissen Maasse mit Wasser angefüllt sein. Durch die Imbibition wurden die Wände der Bahnen wieder schwer durchlässig für Luft, und das tracheale System dadurch leistungsfähig, doch um in Thätigkeit zu treten, musste es auch noch mit Flüssigkeit in demselben Verhältniss angefüllt werden, in welchem es in der lebenden Pflanze angefüllt sich zeigt. So glaubte ich

1) l. c. p. 658.

die Bedingungen, unter welchen der Wasseraufstieg in der Pflanze möglich ist, erkannt und auf experimentellem Wege sicher gestellt zu haben. Die Pflanzentheile, welchen ich die Leitungsfähigkeit zurückzugeben versuchte, überschritten, technischer Schwierigkeiten wegen, nicht 4 m Länge. Auch konnten die Versuche nur mit solchen Pflanzen gelingen, deren Leitungsbahnen während des Trocknens nach der Tödtung nicht leiden. So dürfen beispielsweise in den Bahnen keine Pfropfen sich bilden, welche sie verstopfen, auch keine Risse entstehen, die sie undicht machen. Die Versuchsstengel, mit denen ich operirte, waren ihrer Blätter, ihres Wipfeltriebs, sowie ihrer Seitentriebe beraubt; das verhinderte den Aufstieg nicht. Wohl aber wurde die obere Schnittfläche solcher Sprosse von der dargebotenen Flüssigkeit nicht erreicht, was sich daraus erklärte, dass ein Aufstieg nur bis zu denjenigen Orten möglich war, an welchen Tüpfel- oder capillare Verschlüsse dem weiteren Austrocknen Einhalt boten. Ganz ähnliche Erscheinungen, wie die zuletzt erwähnten, stellten sich auch an lebendigen Aststücken ein, die ich vergleichshalber jetzt prüfte. Es waren das Weiden- und Eichenzweige von 2 bis 3 m Länge, die ich ihres Gipfels, ihrer Seitentriebe und Blätter beraubte und hierauf entrindete. Wurden solche Zweigstücke in Eosinwasser gestellt, so stieg dasselbe, in Folge der durch die Entrindung gesteigerten Verdunstung, sehr rasch auf und färbte bald die ganze Oberfläche. Der Aufstieg war bei der Eiche in einzelnen peripherischen Gefässen unter Umständen so rasch, dass man ihn fast direct verfolgen konnte. Auch an diesen Zweigstücken nun wurden die oberen Enden durch den Farbstoff meist nicht erreicht. Es hatten diese Enden vor Eintreffen der aufsteigenden Flüssigkeit das Wasser ihrer Bahnen eben eingebüsst und damit auch ihre Leitungsfähigkeit verloren. Aus ähnlicher Veranlassung bleiben zunächst unter den abgeschnittenen Seitentrieben in der gefärbten Oberfläche des Holzkörpers farblose, nach unten zu sich verjüngende Streifen ausgespart, die später zu schwinden pflegen, weil die diffuse, von der Nachbarschaft ausgehende Färbung sich schliesslich auch über sie ausbreitet. Bei solchen lebenden Zweigstücken gelingt es aber leicht, eine Färbung bis zur oberen Schnittfläche zu erzielen, auch die farblosen Streifen unter den Seitentrieben auszuschliessen, wenn man die freien Endflächen sofort mit dickflüssigem Canadabalsam bestreicht.

So lange also die trachealen Bahnen einer Pflanze bis zu dem erforderlichen Maasse mit Wasser erfüllt sind und bis zu diesem Maasse mit Wasser angefüllt bleiben, steigt das Wasser nach Bedarf in ihnen empor, ohne Rücksicht auf ihre capillare Steighöhe. Das findet auch in Fällen statt, in welchen die Mitwirkung des Luftdruckes ausgeschlossen ist, verlangt aber unter allen Umständen einen entsprechenden luftdichten Abschluss der Bahnen. Auch muss das Wasser in den Bahnen suspensirt sein und keinen merklichen Druck nach unten ausüben. In den Tracheïden können die durch die Scheidewände gebildeten Widerstände für eine solche Suspension ausreichen; wenigstens habe ich in den engen Tracheïden der Linde und der Eiche oft auf weite Strecken hin keine Luftblasen bemerkt. In weiten Gefässtracheïden und Gefässen sind Luftblasen an der Suspension betheiligt. Aus injicirten Stammstücken, denen Wasser aufgetropft wird, tritt demgemäss eine gleiche Wassermenge aus der unteren Schnittfläche hervor. Dieser Versuch beweist, wie Godlewski zuerst zeigte, dass die Summe der Filtrationswiderstände sämmtlicher zu passirender Tüpfelwände geringer ist, als der Druck einer der Länge des Sprossstückes gleich hohen Wassersäule [1]). Der Versuch selbst ist als Hartig-scher Tropfenversuch bezeichnet worden, und auch ich habe ihn so in meinem Buche über die Leitungsbahnen benannt [2]). Thatsächlich ist aber dieser Versuch in solcher Form erst von Sachs ausgeführt worden, und muss ich somit Sachs Recht geben, wenn er ihn für sich in Anspruch nimmt [3]). Bei Th. Hartig heisst es an der betreffenden Stelle, welche zu der Bezeichnung des Tropfenversuchs als „Th. Hartig'scher" geführt hat, nur [4]): „Schneidet man im Frühjahre vor Eintritt der Saftbewegung Steckreiser der Pappel von 1—2 Fussen Länge, so bleiben beide Schnittflächen durchaus trocken. Taucht man hierauf eine der beiden Schnittflächen in eine Auflösung von Schellack in Alcohol oder Aether, so tritt sofort Saft auf die Oberfläche der entgegengesetzten Schnittfläche, wenn diese nach unten gekehrt ist." Erst Sachs hat hingegen angegeben [5]): „Schneidet man die Endflächen eines sehr wasserreichen, aber lebensfrischen Tannenstammes im Winter mit dem Messer glatt und hält man das Holz nun vertical, so erscheinen die obere und die untere Querschnittfläche trocken. Setzt man nun auf den oberen Querschnitt mit Hilfe eines Pinsels eine dünne

1) Zur Theorie der Wasserbewegung in den Pflanzen, Jahrb. f. wiss. Bot., Bd. XV, p. 589; vergl. auch mein Buch über den Bau und die Verrichtung der Leitungsbahnen, p. 774.

2) l. c. p. 773.

3) Gesammelte Abhandlungen über Pflanzen-Physiologie, Bd. I, 1892, p. 516, Anm. 1.

4) Ueber die endosmotischen Eigenschaften der Pflanzenhäute, Bot. Ztg., 1853, Sp. 311.

5) Ueber die Porosität des Holzes: § 3 Filtration des Wassers durch Holz. Arbeiten des bot. Inst. in Würzburg, Bd. II, 1882, p. 296.

Wasserschicht, so sinkt diese sofort in das Holz ein, und aus dem unteren Querschnitt sieht man eine ebenso grosse Wassermenge ausquellen, zuerst aus dem Frühlingsholz des äussersten, dann des folgenden inneren Ringes u. s. f.“ — Eichen-, Linden- und Pappeläste, die ich Anfang Juni dieses Jahres nach anhaltender Dürre, doch bei durchaus turgescentem Laub, im Freien schnitt, verlangten ein längere Zeit fortgesetztes Auftropfen von Wasser auf die eine, aufwärts gehaltene Schnittfläche, bevor die entgegengesetzte zu schwitzen begann. Daraus den Schluss zu ziehen, dass keine continuirlichen Wasserfäden in den betreffenden Aststücken vertreten seien, wäre aber voreilig gewesen. Ja, die directe Untersuchung der frisch geschnittenen Eichenäste lehrte ausdrücklich, dass die flachen Tracheïden in der Umgebung der unteren Gefässe ausschliesslich Wasser führten. Wenn also aufgetropftes Wasser von einem Aststück zunächst verschluckt wird, so folgt hieraus nur, dass entleerte Bahnen, wohl in Folge ihres negativen Druckes, zunächst dieses Wasser an sich ziehen. Erst wenn diesem Bedürfniss genügt ist, kann Wasser aus der unteren Schnittfläche vortreten.

In seinen 1886 veröffentlichten „Untersuchungen über das Saftsteigen“ [1]) war Schwendener zu dem Ergebniss gelangt, dass die Stämme der meisten Bäume während der Sommermonate keine zusammenhängenden Wasserfäden enthalten [2]), und er schloss daraus, „dass die Continuität der Wasserfäden nicht zu den Bedingungen des Saftsteigens gehört“ [3]). Das Wasser wäre danach capillar in den trachealen

1) Sitzber. d. Akad. d. Wissensch. zu Berlin, phys.-math. Classe, Bd. XXXIV, p. 561, 1886.

2) l. c. p. 581.

3) l. c. p. 582.

Bahnen suspendirt und lebende Elemente nöthig, um den Wasseraufstieg zu bewirken. Das Wasser müsste aus tiefer liegenden Hohlräumen geschöpft und an höher gelegene abgegeben werden. Nun haben aber meine Versuche gezeigt, dass in getödteten Pflanzenkörpern der Wasseraufstieg ebenso wie in den lebenden vor sich gehen, somit auch ohne Hilfe von Lebensvorgängen sich vollziehen kann. Sind aber Luftblasen an der Suspension des Wassers auch in den Wasserbahnen solcher getödteter Pflanzenkörper betheiligt, so geht daraus hervor, dass ihr Vorhandensein innerhalb bestimmter Grenzen die Wasserbewegung nicht ausschliesst. Von einem bestimmten Luftgehalt der trachealen Bahnen konnte ich mich in lebendigen wie in getödteten Pflanzentheilen überzeugen und ich kam auch zu dem Ergebniss, dass die Luftblasen zur Suspension des Wassers in weiteren trachealen Bahnen nothwendig sind, ohne deshalb in engeren Bahnen ganz zu fehlen. Wenn jede Luftblase innerhalb einer functionirenden Bahn den weiteren Aufstieg des Leitungswassers verhindern würde, so wäre sicher dafür gesorgt, dass diese Bahnen völlig luftfrei bleiben. Dann würde schwerlich ein solcher Bau des Holzes vorkommen, wie ihn die mit Gefässen allein leitenden Pflanzen bieten. Ein Querschnitt durch Weidenholz zeigt die Gefässe der Mehrzahl nach vereinzelt. Sie müssten in Bündeln stehen, wenn Luftblasen den Wasseraufstieg verhindern würden. Dann könnte das Wasser der Luftblase ausweichen, aus einem Gefäss in das andere treten, so aber bleibt es auf das eine Gefäss angewiesen. Dessenungeachtet kommen Luftblasen in diesen Gefässen vor. Alle diese Erwägungen stützten seiner Zeit das Ergebniss, das ich aus den directen Beobachtungen an Tannenspänen gewonnen zu haben glaubte, es fände eine Bewegung des Wassers an den Luftblasen vorbei, längs der trachealen Wandungen statt. Ich war mir dessen voll bewusst, wie schwer es sei, sich diesen Vorgang physikalisch zurechtzulegen, und doch drängten mich die beobachteten Vorgänge dazu, denselben anzunehmen. Ich beschloss jetzt, meine Beobachtungen zu wiederholen, und führte sie in etwas veränderter Form an Hunderten von Tannenspänen nochmals aus. Schwendener hatte seinerseits meine Angaben geprüft [1]), konnte „aber nur constatiren, dass das vordringende Wasser zuweilen eine ziemlich rasche, fast stürmische Bewegung zeigt, wobei einzelne Luftblasen Formveränderungen erfahren und wohl auch von der Seite her vorübergehend zusammengedrückt werden“. Ein eigentliches „Vorbeifliessen von Wasser zwischen Luftblase und Wand“ hat Schwendener jedoch niemals beobachtet, „und sobald die Bewegung sich etwas verlangsamt hatte, war überhaupt nichts mehr zu sehen, was als Vorbeifliessen hätte gedeutet werden können“. „Ueber die Kraft, welche die Filtration der Flüssigkeit aus einer gefüllten Tracheïde in die nächst höhere bewirkt“, ist Schwendener „in vielen Fällen, wo Differenzen der Luftspannung kaum anzunehmen waren, im Unklaren geblieben. Da jedoch diese Vorgänge“, schreibt Schwendener weiter, „mit dem Gegenstand der Controverse, der uns hier beschäftigt, in keinem Zusammenhang stehen, so wäre es zwecklos, länger dabei zu verweilen.“ Mir scheint es, dass es sich immerhin gelohnt hätte, die Kräfte, welche die Filtration der Flüssigkeit aus einer gefüllten Tracheïde in die nächst höhere, auch wo Differenzen der Luftspannung kaum anzunehmen waren, veranlassen, weiter zu verfolgen, und dass es doch eine zu rasche Schlussfolgerung war, eine Beziehung dieser Vorgänge zu dem Problem des Saftsteigens

1) Zur Kritik etc., p. 921.

einfach abzuweisen. — Wenn das Wasser in Spänen der Edeltanne zu stürmisch aufsteigt, so ist es in der That schwer, sich ein Urtheil über die von der Flüssigkeit eingeschlagenen Bahnen zu bilden. Anders wenn man mit Vorsicht und Ueberlegung verfährt. Ich habe folgendes Verfahren diesmal angewandt. Zunächst liess ich mir aus demselben fehlerfreien, in Alcohol aufbewahrten Tannenholz, das zu den früheren Versuchen gedient hatte, mit einem sehr scharfen Hobel feine Späne herstellen. Diese Späne waren zum Theil so dünn, dass sie zwei Tracheïdendicken nicht überschritten. Es lagen mir radiale und tangentiale Späne vor, doch hielt ich mich schliesslich nur an erstere, weil sie einen weit geraderen Verlauf der Tracheïden aufweisen und die Hoftüpfel an den freien Flächen tragen. Letzterer Umstand isolirte, bei fast vollständigem Mangel tangential gestellter Hoftüpfel im Frühholze, die einzelnen Bahnen bis zu einem gewissen Maasse vollständig von einander. Die Späne bewahrte ich in Alcohol auf. Zu den Versuchen dienten mir Objectträger von 15 cm Länge. Auf denselben hatte ich in einer Entfernung von 8 cm zwei schmale Korkstreifen quer aufgeklebt. An den einen Korkstreifen grenzte nach aussen ein aus entsprechenden Korkstreifen zusammengekitteter Rahmen, der zur Aufnahme der Farbstofflösung diente. Als solche benutzte ich, nach mannigfachen Versuchen, nur wieder Eosinlösung, doch in bedeutend stärkerer Concentration. Der zu beobachtende Span wurde auf die beiden queren Korkstreifen gelegt, durch quere Korkstreifen mit Hilfe von Zwecken befestigt, dann das eine überstehende Ende in die Farbstofflösung gebogen. Ich kam bald darauf, nur noch bei horizontaler Lage der Späne meine Beobachtungen anzustellen; waren die Späne gut ausgespannt, so konnten selbst Vergrösserungen von 250 Mal zur Verwendung kommen. Um eine entsprechende Vertheilung von Wasser und Luft in den Tracheïden zu erlangen, trocknete ich den aus dem Alcohol gehobenen Span zunächst zwischen Fliesspapierstreifen ab, dann legte ich ihn auf einige Minuten in Wasser, hierauf brachte ich ihn wieder zwischen die beiden Fliesspapierstücke und fixirte ihn dann erst auf dem Objectträger. War die Vorbereitung nach Wunsch gelungen, so enthielt jede Tracheïde mehrere Luftblasen, und es liessen sich auch Stellen finden, wo eine Anzahl sich seitlich berührender Tracheïden an angrenzenden Punkten Luft führte. In den ersten 5 bis 10 Minuten war, bei günstiger Versuchsanstellung, trotz dem Fortschreiten der Farbstofflösung, von einer Bewegung der Luftblasen in den Tracheïden oder einer Formveränderung derselben nichts zu bemerken. Drang mit Fortdauer des Versuchs so viel Luft in entferntere Partien des Spanes ein, dass die Füllung der Tracheïden dort mit Hilfe vorschreitender Menisken erfolgte, so brach ich die Beobachtung ab. Das Fortschreiten der Farbstofflösung innerhalb des mit Wasser und Luft gefüllten Spanes war ein ziemlich rasches, doch in keiner Weise als stürmisch zu bezeichnen. In einzelnen, so gut wie stets im Frühholze gelegenen Streifen, eilte die Färbung den anderen Stellen voraus. Auf solche Streifen richtete ich vor Allem mein Augenmerk; im Besonderen waren sie mir willkommen, wenn sich dort das Fortschreiten der Farbstofflösung auf nur eine oder auf zwei neben einander befindliche Tracheïden einschränkte. Stets war die an der Spitze der Bewegung stehende Farbstofflösung weit heller als die dem Span am Ausgangspunkt gebotene. Das führte mich zur Anwendung sehr dunkler Lösungen. Die hellere Färbung am fortschreitenden Ende war augenscheinlich dadurch veranlasst, dass dort die Farbstofflösung durch das Wasser der vorausgehenden Tracheïden verdünnt anlangte. Rasch pflegte hierauf die Lösung nachzudunkeln. Das Alles, ohne dass eine vordere Grenze an dem fortschreitenden Farbstoff sich unterscheiden liess, und ohne dass von einer Bewegung in der Flüssigkeit etwas zu bemerken war. Es unterliegt keinem Zweifel, dass luftblasenfreie Tracheïden die Vorwärtsbewegung der Farbstofflösung fördern, und man sieht nicht selten farblose Streifen in sonst gefärbter Umgebung, die bis auf eine Stelle zurückreichen, wo der Weg durch Luftblasen versperrt ist. Doch wo auch alle Tracheïden Luftblasen enthalten, hindert das ein Fortschreiten der Lösung schliesslich nicht. Ein Ausweichen der Luftblasen nach oben und unten, dann seitlich in angrenzende Tracheïden mag, trotz Mangels seitlicher Verbindung durch Hoftüpfel, immerhin erfolgen, vielfach ist das aber sicher nicht der Fall, und man sieht in einer einzelnen Tracheïde die Flüssigkeit sich vor der Luftblase allmählich röthen, während angrenzende Tracheïden noch ungefärbt sind. Dasselbe beobachtete ich mehrfach in zwei benachbarten Tracheïden, welche an den angrenzenden Stellen Luftblasen führten, bei sonst ungefärbter Nachbarschaft. Kurzum ich konnte auch diesmal nur wieder zu dem Ergebnisse gelangen, dass es sich bei dieser fortschreitenden Bewegung der Farbstofflösung, innerhalb der mit Luft und Wasser gefüllten Tracheïden, um einen eigenen Vorgang handle, der den Wandungen folgt und für dessen Zustandekommen der besondere Bau dieser Wandungen von maassgebender Bedeutung sein müsse.

Nicht umhin kann ich, an dieser Stelle daran zu erinnern, dass Schwendener seinerzeit angab [1]), dass beim Bluten

1) Untersuchungen über das Saftsteigen, Sitzber. der Akad. d. Wiss. zu Berlin, math.-phys. Cl., Bd. XXXIV, 1886, p. 576.

der Baumstümpfe im Sommer gewöhnlich nur Saft ohne alle Beimengung von Luftblasen aus dem Holze hervorquillt, „selbst wenn Gefässe und Libriform reichlich Luft führen". „Würde die Luft der Strömung des Saftes folgen", fügt Schwendener hinzu, „wenn auch in langsamer Bewegung, so müsste sie dort erst an den zugeschärften Enden der Tracheïden sich anlegen, bevor sie dieselben durchsetzt, um in die Nachbarzelle zu gelangen; man müsste also öfter, als dies thatsächlich der Fall, endständigen Lufträumen begegnen." Schwendener verwendet diese Wahrnehmung für eine „relative Ruhe" der Luftblasen, während das Wasser „von Zelle zu Zelle" strömt. Die Luftblasen sollen „sich gleichsam wie Inseln eines Flusses in der netzartig getheilten Strömung" verhalten. Man wird es mir hingegen, nach den vorausgeschickten Erfahrungen, nicht verdenken, wenn ich diese Angaben Schwendener's in meinem Sinne, als Stütze für eine Bewegung des Wassers an den Luftblasen vorbei, verwende.

In Tannenholzspänen, deren Tracheïden mit Wasser und Luft erfüllt sind, beruht das Vordringen der gebotenen Farbstofflösung, wie schon eben berichtet wurde, nicht auf einem einfachen, vollen Durchströmen derselben. Meine älteren Versuche hatten denn auch thatsächlich gelehrt[1]), dass die Gefässe der Pflanzen dem Durchströmen von Wasser annähernd dieselben Widerstände wie Glascapillaren entgegensetzen, und dass anzunehmen sei, dass auch in pflanzlichen Gefässen die Strömungsgeschwindigkeit der Druckhöhe und dem Quadrat des Durchmessers direct, der Röhrenlänge umgekehrt proportional sei. Ein Durchströmen von Wasser, wenn auf einem solchen Vorgang der Wasseraufstieg in der Pflanze beruhen

1) l. c. p. 826.

sollte, würde somit in pflanzlichen Gefässen zum mindesten den gleichen Widerständen wie in Glascapillaren begegnen, Widerständen, die so bedeutend wären, dass sie der Luftdruck beispielsweise nur in sehr geringem Maasse zu überwinden vermöchte [1]). Luftblasen in einer trachealen Bahn müssten aber einen solchen Aufstieg ganz hemmen.

In Tannenspänen, die Wasser und Luft führen, sieht man die Farbstofflösung mit hohlem Meniscus nur in solchen Tracheïden fortschreiten, die ganz von Wasser entleert sind. Will man den capillaren Aufstieg in allen Tracheïden beobachten, so gilt es, den Tannenspan durch längeres Liegen an der Luft ganz von Flüssigkeit zu entleeren [2]). Für die Wasserhebung in der Pflanze kommt dieser capillare Aufstieg nicht in Betracht, da sich die Bahnen dort ähnlich wie in den mit Wasser und Luft gefüllten Tannenspänen verhalten. Schon die Leitungsbahnen der Keimpflanze sind mit Wasser gefüllt und bleiben entsprechend gefüllt während aller späteren Grössenzunahme der Pflanze. Die Endigungen der Bahnen sind unter allen Umständen voll von Wasser und ein durch hohle Menisken ausgeübter Zug stets an jenen Orten ausgeschlossen. Die Capillarität, soweit unter dieser Erscheinung der Zug concaver Menisken verstanden wird, nimmt somit an der Hebung des Wassers in den trachealen Bahnen der Pflanzen nicht Theil; wohl aber könnten, wenn andere gleich concave oder concavere Menisken nicht entgegenwirken, zeitweise entleerte Bahnen in der Pflanze unter Mitwirkung der Capillarität wieder gefüllt werden. Vor allem muss aber die negative Gasspannung, die in solchen Bahnen herrscht, zu deren Wiederfüllung beitragen. Ihr Einfluss dürfte stets do-

---

1) l. c. p. 778 ff. Vergl. dort auch die Litteratur.

2) Vergl. auch l. c. p. 701.

minirend sein und die capillare Steigung nur dann Bedeutung gewinnen, wenn eine Bahn lufthaltig geworden ist. Durch Capillarität könnte dann nämlich eingedrungene Luft aus mancher Bahn wieder verdrängt werden.

Die Vertheidigung meiner Ansicht über die Function der Hoftüpfel, Schwendener gegenüber, wird mir dadurch erschwert, dass sich Schwendener darauf beschränkt, die Beweiskraft meiner Beobachtungen und Versuche in Frage zu stellen, ohne auf dieselben näher einzugehen. Da meine Ansicht über Hoftüpfelfunction fast auf der Gesammtheit meiner Untersuchungen ruht, so hiesse es fast einen Theil meines Buches über die Leitungsbahnen hier wiederholen, wollte ich alle Gründe nochmals anführen, die für dieselbe sprechen. Das ist ja klar, dass ich für die Beurtheilung der Hoftüpfelfunction nur auf indirecte Schlüsse angewiesen blieb, da es selbst in den dünnen Spänen, in welchen ich den Leitungsvorgang direct verfolgte, nicht möglich war, das Spiel der Hoftüpfel unmittelbar zu verfolgen. Daher wird es immer möglich bleiben, die gezogenen Schlüsse anzuzweifeln. Meine genaue Kenntniss der Holzstructur, sowie meine überaus zahlreichen Versuche mögen mich immerhin in den Stand gesetzt haben, eine zutreffende Vorstellung von den Leistungen der Hoftüpfel zu gewinnen. Ich möchte somit diejenigen, die sich über den Werth meiner Ansicht ein Urtheil bilden wollen, auf mein Buch verweisen, während ich mich hier darauf beschränke, nur einige Stellen der Schwendener'schen Kritik zu behandeln. An der einen in Betracht kommenden Stelle sieht es so aus, als hätte ich Schwendener eine falsche Ansicht über Hoftüpfelfunction untergelegt. Ich schrieb in meinem Buche [1]): „Dass endlich die

1) l. c. p. 768.

ganze Einrichtung des Hoftüpfels, wie es Schwendener will, nur eine mechanische sei und dem Bedürfniss entspreche, die Diffusionsfläche zu vergrössern, ohne die Festigkeit der Wand mehr als nöthig zu beeinträchtigen, dürfte sich wohl noch weniger vertheidigen lassen. Dass diese Vorstellung unhaltbar ist, hätte schon aus der Betrachtung solcher Hoftüpfel, wie sie dem tracheïdalen Parenchym des Centralcylinders der Pinus-Nadeln zukommen, gefolgert werden können. Dort sind nämlich die Zellwände nur relativ schwach verdickt und Höfe denselben alsdann beiderseits gleichsam aufgesetzt. Die Höfe haben dort somit sicher nichts mit der Festigkeit der übrigen Wand zu thun, sind vielmehr deutlich besondere Apparate, die im Verein mit der bestimmt gebauten Schliesshaut in bestimmter Weise zu functioniren haben." Diese meine Bemerkung war veranlasst durch eine Stelle in Schwendener's „Schutzscheiden und ihre Verstärkungen", welche lautet [1]: „Die Gefässe sind sowohl im gefüllten, als im entleerten Zustande Röhren, welche selbst keinen Turgor entwickeln und deshalb den Ueberdruck der Umgebung auszuhalten haben; daher die Nothwendigkeit der Wandverdickung durch Ring- oder Spiralfasern u. dgl. Die behöften Poren entsprechen dem Bedürfniss, die Diffusionsflächen möglichst zu vergrössern, ohne die Festigkeit der Wand mehr als nöthig zu beeinträchtigen. Ist die Umgebung so beschaffen, dass diese letztere Rücksicht wegfällt, so können die Poren gross und doch unbehöft sein, d. h. die Verengung nach dem Lumen zu wird überflüssig. So z. B. im Holze mancher Dicotylen. Auch die bekannte Thatsache, dass neben den grossen Gefässen häufig auch kleinlumige Tracheïden vor-

1) Abhandl. d. Berl. Akad. d. Wiss., Bd. XLII, 1882, p. 922, Sep.-Abdr. p. 19.

kommen, erklärt sich durch die naheliegende Annahme, dass erstere vorwiegend der Wasserlieferung auf grössere Entfernungen, letztere in erster Linie localen Bedürfnissen dienen." Da Russow seine Ansicht, dass der Hoftüpfel ein Klappenventil sei, bereits 1877 geäussert hatte [1]) und 1881 [2]) auf dieselbe zurückkam, so konnte ich in der That annehmen, dass Schwendener mit seiner obigen, 1882 veröffentlichten Schrift Stellung gegen Russow's Ansicht nahm. Dass Schwendener keinen Werth auf den Hof für die Verrichtung des Hoftüpfels legte, schien mir ja auch aus seiner Bemerkung zu folgen, dass der Hof um den Porus bei entsprechender Beschaffenheit der Umgebung auch wegfallen kann. Doch erklärt Schwendener jetzt [3]), er habe sich über das Klappenventil gar nicht geäussert, weder zustimmend, noch ablehnend, was ich gern gelten lassen will. Hingegen trifft nicht zu, was mir Schwendener vorwirft, ich hätte gewissermaassen die unbestreitbare Thatsache in Abrede gestellt, dass durch Ueberwölbung des Hofraumes die Festigkeit der Wand erhöht wird, in welcher die Tüpfel sonst wie Löcher von der Grösse des Hofes wirken würden. Ich habe mich gegen diese Schwendener'sche Vorstellung gar nicht gewandt, wohl aber dagegen, „dass die ganze Einrichtung des Hoftüpfels nur eine mechanische sei" [4]). Um dann zu zeigen, dass dem Hof vor allem eine andere Leistung zukomme, habe ich auf dünnwandige Zellen hingewiesen, denen mechanische Functionen nicht obliegen, welche aber als Wasser-

---

1) Sitzber. der Dorp. Naturforscher-Gesellsch., 1877, p. 601 und 602.

2) Ebendas. p. 110.

3) l. c. p. 939.

4) Vergl. das vorausgegangene Citat oder p. 768 meines Buches.

behälter dienen und deren Tüpfel daher auch mit ganz ebensolchen überwölbten Höfen und einem Torus auf der Schliesshaut wie bei den dickwandigen Tracheïden ausgerüstet sind. Diese Uebereinstimmung liess sich doch wohl für meine Beweisführung verwerthen, und thut es mir leid, dass Schwendener „die Logik in dieser Beweisführung nicht zu erkennen" vermag. — Auf Grund zahlreicher Versuche kam ich zu dem Ergebniss, dass die imbibirte Schliesshaut der Hoftüpfel für Wasser sehr leicht, für Luft sehr schwer durchlässig ist. Daraus folgerte ich weiter, unter der Controle mannigfach variirter Versuche, dass geringe Unterschiede im Luftdruck zwischen zwei trachealen Elementen das Anschlagen der Schliesshaut an die Tüpfelmündung nach der Seite stärkerer Luftverdünnung veranlassen müssten, während der Wasseraufstieg, wie er sich in den trachealen Bahnen vollzieht, einen Verschluss der Hoftüpfel nicht bewirke, weil eben die gespannte Schliesshaut dem Durchgang des Wassers einen zu geringen Widerstand entgegensetzt. Es wäre daher ein sehr bedeutender Ueberdruck von Wasser nöthig, um den Verschluss der Tüpfel zu veranlassen, ein Druck, von dem auch Pappenheim[1]) behauptet, er sei so bedeutend, dass die „durch Wurzeldruck und Transpirationssaugung erzeugten Kräfte dazu nicht ausreichen". Bei Schwendener findet sich hingegen folgende Stelle[2]): dass die Schliessmembranen der Hoftüpfel dem Ueberdruck von der einen oder anderen Seite her nachgeben und die Tüpfelmündung verschliessen, sei festgestellt. „Ob dieser Ueberdruck von Wasser oder von Luft ausgeübt wird, ist natürlich vollkommen gleichgültig; Be-

1) Zur Frage der Verschlussfähigkeit der Hoftüpfel im Splintholze, Ber. d. Deutsch. Bot. Gesellsch., 1889, p. 19.

2) l. c. p. 939.

dingung ist nur, dass er gross genug sei. Wenn daher Strasburger die Ansicht vertritt, es müsse durchaus Luftdruck sein, durch Wasserströme könne ein Verschluss nicht bewerkstelligt werden, so weiss ich nicht, wie er sich hierbei mit den Principien der Mechanik abfinden will. Nach meinem Ermessen sind solche Aufstellungen doch gar zu paradox, als dass man sie ernst nehmen könne." Jeder, der das ganze Kapitel meines Buches über die Verrichtung der Hoftüpfel [1]) lesen will, wird finden, dass dort die Stelle auf S. 736, welche Schwendener citirt: „Ich glaube auf Grund meiner Versuche behaupten zu dürfen, dass durch Wasserströme in der Pflanze ein Verschluss der Hoftüpfel nicht bewerkstelligt wird. Es geschieht das vielmehr nur durch Luftdruck", nur als Ausfluss meiner Versuche in dem eben erläuterten Sinne zu nehmen ist. Schwendener fasst aber den Sinn meiner Worte ganz allgemein, wodurch sie eine Bedeutung gewinnen, die sie in Conflict mit den Principien der Mechanik bringt. — „Wir begreifen zwar vollständig", schreibt weiter Schwendener [2]), „dass im Bereich der Saugwirkung transpirirender Flächen Luftverdünnungen stattfinden, durch welche unter Umständen das Klappenventil der hofgetüpfelten Leitzellen aspirirt wird; allein der Nachweis, dass hieraus der Pflanze ein nennenswerther Vortheil erwächst, ist mit Schwierigkeiten verknüpft. Der luftverdünnte Zustand mag ja in Folge des Verschlusses etwas länger erhalten bleiben, als dies sonst der Fall wäre, aber gerade in Blättern und jungen Trieben, wo die Absperrung den grössten Nutzeffect versprechen würde, weil hier die Luftverdünnung ihr Maximum erreicht, treten be-

1) l. c. p. 729 ff.
2) l. c. p. 940.

kanntlich die hofgetüpfelten Elemente mehr zurück, und es kommen an ihrer Statt solche mit Ring- und Spiralverdickung zur Verwendung, welche besondere Verschlusseinrichtungen nicht besitzen." Diese Schlussfolgerung beruht auf einem Missverständniss. Es handelt sich bei den Hoftüpfelabschlüssen in erster Linie nicht darum, den luftverdünnten Zustand etwas länger zu erhalten, vielmehr darum, die unthätigen Bahnen, in welchen in Folge Wassermangels negative Luftspannung sich ausgebildet hat, von den thätigen abzusperren, damit der negative Druck sich nicht auf diese fortpflanze und auch deren Function störe. Dieser selbstthätige Mechanismus ermöglicht allein das Nebeneinanderbestehen von Bahnen mit verschiedener Luftspannung, von deren Vorhandensein man sich an jedem unter Quecksilber durchschnittenen Zweige überzeugen kann. Die letzten Bahnenverzweigungen in Blättern und jungen Trieben sind andererseits gar nicht auf Entleerung eingerichtet, dort gilt es nicht, einzelne Bahnen zeitweise auszuschalten, man findet auch nie bei mikroskopischer Untersuchung solche, die ausgeschaltet wären [1]), und demgemäss sind die Elemente dieser Bahnen auch nicht mit Hoftüpfeln ausgestattet. Also Schwendener's Einwand lässt sich vielmehr in sein Gegentheil umkehren, in eine Stütze für meine Auffassung. — Es mag ferner bemerkt werden, schreibt Schwendener [2]), dass über die angeblichen „Ausschaltungen einzelner Bahnen", abgesehen von den Erscheinungen des Austrocknens und Absterbens in Folge von Verletzungen, keine Beobachtungen vorliegen. Ich hätte mich nur mit Objecten befasst, die an der Luft ausgetrocknet oder künstlich erzeugten Druckwirkungen ausgesetzt waren und folglich über

1) l. c. p. 696.
2) l. c. p. 942.

die Zustände und Vorgänge im Leben keinen Aufschluss geben konnten. Schwendener übersah hierbei, dass auch die zahlreichen Versuche von v. Höhnel und von mir über den negativen Druck in den Leitungsbahnen im Sinne der „angeblichen" Ausschaltungen zu verwenden waren. Diese Versuche lehrten, dass die Quecksilberinjection von Fall zu Fall verschieden ausfällt und dass auch an demselben Aste der eine Zweig sich stark, der andere schwach injicirt zeigen, ja dass in manchen Zweigen die Injection ganz ausbleiben kann. Stärker belaubte Zweige waren unter Bedingungen, in welchen Wassermangel sich annehmen liess, stärker injicirt als schwächer belaubte, und aus dem Allen musste ich mit Nothwendigkeit schliessen, dass die injicirten Bahnen nicht etwa dauernd abgesondert, vielmehr nur vorübergehend ausgeschaltet waren, um nach Umständen wieder in Thätigkeit zu treten. — Wenn Schwendener schliesslich noch ohne weitere Motivirung erklärt, „auch die Rolle, welche Strasburger dem Tüpfelverschluss bei Verwundungen zuertheilt, erscheint mir bis auf weiteres problematisch" [1]), so kann ich wohl nach dem Vorausgeschickten diesen seinen Ausspruch auf sich beruhen lassen.

Auf eine Eigenthümlichkeit des Holzbaues möchte ich hier noch aufmerksam machen, die mir der Beachtung werth erscheint. Bei den Nadelhölzern kommt dieselbe nicht nur in einer verschiedenen Breite der einzelnen Jahresringe zur Geltung, sondern auch in einem wechselnden Verhältniss weitlumiger und englumiger Elemente innerhalb eines jeden Jahresringes. Damit ist dort die Mannigfaltigkeit erschöpft, die man vor Allem in Beziehung bringen möchte zu dem in jedem

---

1) l. c. p. 942.

Jahr andern Bedürfniss an neuen Wasserbahnen. Auf die grosse Mannigfaltigkeit in der Zahl und dem Aufbau der Markstrahlen bei Pinus-Arten habe ich in meinem Buche über die Leitungsbahnen besonders hingewiesen [1]). Ich brachte diese Verschiedenheit der Ausbildung zu dem localen Bedürfniss in Beziehung, das als Reiz auf die Cambiumthätigkeit wirkt und correlative Vorgänge auslöst. Aehnliche Ursachen treffen jedenfalls auch für den Aufbau der complicirter zusammengesetzten dicotylen Hölzer zu. Nicht zwei Bilder, welche man von entsprechenden Theilen eines solchen Holzkörpers entwirft, decken sich vollständig; auch da scheint somit das jedesmalige Bedürfniss als Reiz zu wirken und die Bildung dieser oder jener Elemente in dieser oder jener Zahl und Weite an einer bestimmten Stelle zu veranlassen. Die an die Vorgänge der Wasserleitung und Wasseraufspeicherung gestellten Anforderungen, das Bedürfniss, die zugeführten Assimilate weiter zu leiten und zu speichern, die Ansprüche der mechanischen Festigung, das Alles wirkt augenscheinlich regulirend auf die Cambiumthätigkeit ein und bestimmt die Anlage und Differenzirung der Elemente. In den Wasserbahnen selbst mögen bestimmte Reize weiter dahin wirken, dass Scheidewände durchlöchert oder in dieser oder jener Weise ausgebildet werden, wie es die Suspension des Wassers und dessen Weiterleitung weiterhin verlangen. Andere Ursachen mögen abweichende oder ähnliche Auslösungen veranlassen und zu den vorangegangenen Reizwirkungen nur hinzutreten oder dieselben modificiren. Bei allen diesen Reizwirkungen handelt es sich aber um complicirte Vorgänge, die in ihre Einzelfactoren zu zerlegen nur hin und wieder gelingt. Sehr verschiedene Ursachen können da unter Umständen erblich fixirte Dispositionen in gleicher Weise auslösen und dadurch

1) l. c. p. 13, 14.

den Einblick in die Ursachen erschweren, die im gewohnten Gang der Entwickelung den Ausschlag geben [1]).

Wie ich aus dem eingehenden Studium der anatomischen Structur des Holzkörpers die Ueberzeugung schöpfen musste, dass jeder Tüpfel in Beziehung zu einer bestimmten Function steht und dass demgemäss dessen Bau und Lage genau zu beachten sei, so muss ich auch annehmen, dass der Structur der Wandung der trachealen Elemente eine ganz bestimmte Bedeutung zukommt und dass dieselbe in Beziehung zu den Aufgaben der Wasserleitung steht. Besonders auffällig scheint mir diese Beziehung in der Ausbildung der sog. tertiären Verdickungsschichten sich zu offenbaren. Eine mechanische Bedeutung kann schlechterdings den tertiären Schraubenbändern, welche als zarte Bänder an der Innenfläche zahlreicher behöft getüpfelter Gefässwände oder etwa an der Innenfläche der Tracheïden von Taxus verlaufen, nicht zukommen, während sie sehr wohl den Wasseraufstieg längs der Wandung — auch an Luftblasen vorüber — fördern könnten.

So war ich denn auf dem Boden meiner anatomischen und physiologischen Erfahrungen und Befunde zu der Vorstellung gelangt, dass das Wasser in dem trachealen System der Pflanze suspendirt ist und dass es sich dort längs der Wände bewegt. Die Bedingungen für diese Suspension scheinen mir in dem Bau der Leitungsbahnen gegeben. Die Widerstände dürften so vertheilt sein, dass eine labile Gleichgewichtslage in allen Höhen der Bahn von selbst zu Stande kommt, und selbstthätige Mechanismen so wirken, dass bei

1) Vergl. auch Jost, Ueber Beziehung zwischen der Blattentwicklung und der Gefässbildung in der Pflanze, Bot. Ztg., Originalabhandlungen, 1893, p. 89, im Besonderen p. 133.

Wassermangel Störungen dieses Gleichgewichts auf einzelne Bahnen beschränkt bleiben und mit Hilfe des Luftdruckes und der Capillarität bei Wasserzutritt sich wieder ausgleichen. Es muss ein physikalischer Vorgang sein, der den Aufstieg des Wassers längs der Wände des trachealen Systems bedingt und welcher es bewirkt, dass das nöthige Wasser den Verbrauchsorten zugeführt wird. Meine Auffassung der Wasserströmung in der Pflanze nähert sich insofern der Sachsschen, als auch Sachs den ganzen Wasseraufstieg als einen physikalischen und nicht vitalen Vorgang auffasst. Sachs lässt das Wasser als Imbibitionswasser in den Wänden der Zellen aufsteigen und stellt sich dabei vor, dass die imbibirten Wassermolecüle ebensowenig eine zusammenhängende Flüssigkeitsmasse innerhalb der imbibirten Zellwand bilden und ebensowenig aufeinander drücken, wie die Salzmolecüle in einer Lösung. So könne man die in einem imbibirten Körper enthaltenen Wassermolecüle als Wasserdampf auffassen, im Gegensatz zu der Flüssigkeitsmasse in einem porösen capillaren Körper, die zusammenhängend ist [1]). Während Sachs in solcher Weise nach physikalischen Anknüpfungspunkten für seine Theorie des Wasseraufstiegs in der Pflanze sucht, möchte ich für meine Auffassung, wie sie aus den beobachteten Thatsachen sich mir aufgedrängt hat, geltend machen, dass, wenn dieselbe auch den bisherigen Lehrsätzen der Physik sich nicht unmittelbar einreihen lässt, „die Capillaritätsgesetze", wie Pfeffer neuerdings hervorhebt [2]),

---

1) Ueber die Porosität des Holzes, Arb. des bot. Inst. in Würzburg, Bd. II, 1882, p. 306, und die Anmerkungen auf p. 526 der Gesammelten Abhandlungen, Bd. I, 1892.

2) Studien zur Energetik der Pflanze, Abh. der math.-phys. Cl. d. Sächs. Akad. d. Wiss., Bd. XVIII, No. III, 1892, p. 262, Sep.-Abdr. p. 114.

„nur Abstractionen aus bestimmten Erfahrungen sind und durchaus nicht den vollen Ausdruck dessen geben, was mit den auch der Capillarität zu Grunde liegenden Molecularkräften in anderer Beziehung erreichbar ist".

Den Schluss meines Buches „über den Bau und die Verrichtung der Leitungsbahnen in den Pflanzen" bildeten einige Betrachtungen über Holzimprägnirung [1]). Es schien mir, dass aus meinen Untersuchungen der Holzstructur und den Erfahrungen, die ich bei Aufnahme von Farbstoff- und Salzlösungen in den Holzkörper gesammelt hatte, einige Vortheile auch für die Praxis der Holztränkung erwachsen könnten. Demgemäss führte auch die Imprägnirungsanstalt von Julius Rütgers in Berlin entsprechende Versuche aus. Diese Versuche wurden 2 Jahre lang fortgesetzt und das Verfahren den gesammelten Erfahrungen gemäss modificirt. Es stellte sich als allgemein gültig heraus, dass möglichst lufttrockenes oder bei 100° C getrocknetes Holz die grössten Mengen Tränkflüssigkeit aufnimmt. Als Tränkflüssigkeit empfiehlt sich für Buchen- und Eichenschwellen Theeröl (es wurde solches von specifischem Gewicht von 1,045 angewandt), für Kieferschwellen entweder Chlorzink (von 3,5 Baumé) allein, oder besser noch Chlorzink (von 3,5 Baumé) mit Theeröl (von 1,045 specifischem Gewicht) im Verhältniss von 10 : 1 mit einander gemischt. Theeröltränkung macht das Buchen- und Eichenholz (letzteres, soweit es sich tränken lässt) hart und zäh, das Kiefernholz spröde und splitternd, während es von Chlorzink zäh wird. Der Zusatz von 1 : 10 von Theeröl zum Chlorzink erhöht den peripherischen Schutz, ohne die durch das Chlorzink

1) l. c. p. 958.

dem Kiefernholz verliehenen Eigenschaften aufzuheben. Die Buchenschwellen wurden vortheilhafter in dem Imprägnirungscylinder, in der Tränkflüssigkeit untergetaucht, ausgepumpt. Das geschah nach Erwärmen des Bades auf 50 ° C und etwa 65 cm Luftleere 2 Stunden lang. Höhere Temperaturen des Bades konnten nicht angewandt werden, da sie das in der Tränkflüssigkeit vorhandene Wasser zum Sieden brachten. Kiefernschwellen wurden besser im leeren Cylinder während der gleichen Zeitdauer ausgepumpt und dann die zuvor erwärmte Tränkflüssigkeit eingesogen. Die Buchenschwellen nahmen innerhalb des Bades im luftverdünnten Raum etwa um 10 Proc. an Gewicht zu, die Kiefernschwellen, weil mit Kernholz versehen, nur etwa um 5 Proc. Der darauf folgende Druck betrug etwa 7 Atmosphären, die Temperatur des Bades wurde auf 80 ° C erhöht. Es empfiehlt sich, diesen Druck mindestens 2 Stunden andauern zu lassen. Die Buchenschwellen werden auf diese Weise vollständig, ausgenommen etwa ein sehr ausgeprägter rother Kern, durchtränkt, sie nehmen, mit Theeröl getränkt, um etwa 50 Proc. an Gewicht zu. Kiefernschwellen nehmen in Theeröl-Chlorzinkgemisch um 50 bis 60 Proc. an Gewicht zu, ihr Splint ist vollständig, der Kern weniger gut imprägnirt, das Theeröl dringt nur etwa 0,5 cm in den Kern ein. Eichenschwellen nehmen nur relativ wenig Tränkflüssigkeit, unter 10 Proc. ihres Gewichtes, auf. Nur ihr Splint wird vollständig und zwar leicht imprägnirt, in den Kern dringt die Tränkflüssigkeit nur bis zu geringer Tiefe ein. Meine theoretischen Annahmen, es würde die Erneuerung der Stirnflächen an den Schwellen und dadurch erfolgende bessere Erschliessung der Leitungsbahnen die Tränkung fördern, und es würde diese Tränkung vollständiger werden, wenn die Schwellen aufrecht mit aus der Flüssigkeit hinausragender oberer Stirnfläche im luftverdünnten Raume injicirt würden, weil dann die Luft besser entweichen könne, stellten sich für die Praxis als belanglos heraus. Unter den Bedingungen, bei welchen das Auspumpen der Schwellen und das nachherige Einpressen der Tränkflüssigkeit vollzogen wird, spielen die zufällige Verstopfung der Bahnen und die durch völliges Untertauchen derselben erwachsenden Hindernisse keine Rolle. Als sehr wichtig erwies es sich, die nur Splintholz aufweisenden Buchenschwellen vollständig zu durchtränken, da dieselben leicht reissen und dann Wasser und niedere Organismen Zutritt zu den inneren Theilen erlangen. Von weit geringerem Nachtheil ist die unvollständigere Durchtränkung für Eichen- und Kiefernschwellen, weil die unvollkommen imprägnirten Theile derselben aus Kernholz bestehen, somit an sich schon bis zu einem gewissen Maasse geschützt sind. Da der Splint bei der Eiche nur geringe Dicke besitzt, so fehlt er entweder überhaupt an den Schwellen oder ist nur an einzelnen Kanten derselben zu finden.

Ueber
die Wirkungssphäre der Kerne
und die Zellgrösse.

In einem Aufsatz, den ich vor kurzem im „Anatomischen Anzeiger“ [1]) veröffentlicht habe, nahm ich Stellung zu den letzten Untersuchungen über Kern- und Zelltheilung. Zugleich suchte ich dort einen Gedanken über die Zusammensetzung des Cytoplasma weiter zu begründen, den ich zuvor schon in meinen Studien über Schwärmsporen, Gameten und pflanzliche Spermatozoiden entwickelt hatte [2]). Die Vorgänge bei der Zellbildung, Zelltheilung und der Anlage der Spermatozoiden waren es, welche mir die Vorstellung aufdrängten, dass im Cytoplasma zwei Bestandtheile in ihrer Thätigkeit einander besonders gegenüberzustellen seien. Der eine Bestandtheil ist es, dem die Strahlungen um die Centrosphären, dem auch, wenigstens in pflanzlichen Zellen, die Spindelfasern und Verbindungsfäden ihre Entstehung verdanken und welcher die Wirkungssphäre der kinetischen Centren im Cytoplasma bestimmt: ich nannte ihn Kinoplasma. Der andere Bestandtheil steht in seinen körnigen Theilen, dem sog. Körnerplasma, vor Allem im Dienste der Ernährungsvorgänge, während seinen Hautschichten, wie Noll

1) VIII. Jahrgang (1893), Nr. 6 und 7.
2) Histologische Beiträge, Heft IV, 1892.

zu zeigen suchte[1]), ausser ihren sonstigen Functionen die Aufgabe zufällt als specifische Reizempfänger zu wirken, ausserdem in massgebender Weise an der Gestaltung des Pflanzenkörpers sich zu betheiligen. Ich habe diesen zweiten Bestandtheil, der die Hauptmasse des Cytoplasma bildet, dem Kinoplasma gegenübergestellt und als Nährplasma oder „Trophoplasma" bezeichnet; ich glaubte diese Bezeichnung um so mehr wählen zu dürfen, als ja auch die meisten Reiz- und Gestaltungsvorgänge bei der Pflanze in Beziehung zur Ernährung stehen. Dem Trophoplasma sind als besondere ausgegliederte Theile auch die Chromatophoren beizuzählen.

Die Kerntheilung steht, wie man aus den bisherigen Beobachtungen schliessen möchte, unter der Herrschaft der kinetischen Centren; die von diesen Centren ausgehenden inneren Reizanstösse dürften durch das Kinoplasma fortgeleitet werden. Das Kinoplasma bestimmt auch die Theilungsebene der Zelle und zwar unter sichtbarem Einfluss der Centrosphären in thierischen Zellen, ohne sichtbare Beziehung zu diesen in pflanzlichen Zellen. Es liesse sich denken, dass in einer Zelle, deren Kern sich im Ruhezustande befindet, das Kinoplasma in ähnlicher Weise dazu dient, die von diesem ruhenden Kern ausgehenden Impulse auf das umgebende Trophoplasma zu übertragen, wie es die von den Centrosphären ausgehenden Reize in der sich theilenden Zelle weiter leitet. Die vom ruhenden Kerne ausgehenden Reizanstösse werden doppelter Art sein können: formativer, um die specifische Gestaltung des betreffenden Organismus

1) Ueber den Einfluss der Lage auf die morphologische Ausbildung einiger Siphoneen. Arb. d. bot. Inst. zu Würzburg, Bd. III, p. 466; Die Wirkungsweise von Schwerkraft und Licht auf die Gestaltung der Pflanze, Naturw. Runds. III. 1888, p. 43, und Ueber heterogene Induction, 1892, p. 53.

zu bestimmen, und nutritiver, um die Functionen des Körnerplasma anzuregen, beziehungsweise zu beeinflussen. Die nutritiven Anstösse werden sich im Körnerplasma erschöpfen, die formativen bis zur äusseren Hautschicht reichen müssen. Dass der Kern der Träger der specifischen erblichen Eigenschaften sei, dass er vor Allem die Auslösungen vollziehe, welche eine Aufeinanderfolge bestimmter Zustände, d. h. eine Entwicklung des Organismus bedingen, darf heut wohl als sehr wahrscheinlich gelten; die Formung der äusseren Gestalt kann aber nur, wie Noll in der Naturwissenschaftlichen Rundschau klarzulegen suchte, als von der Hautschicht ausgehend vorgestellt werden. Dass der Kern gleichzeitig auch die Ernährungsvorgänge beeinflusst, somit in die Thätigkeiten des Körnerplasma eingreift, geht wohl zur Genüge aus den beobachteten, zum Theil auch schon experimentell geprüften Thatsachen hervor. Unmittelbar auffällig werden die nutritiven Beziehungen des Kerns dort, wo sie von den formativen zeitlich getrennt sind, beziehungsweise dieselben überdauern. Sie treten dann allein in die Erscheinung. Ein besonders lehrreiches Beispiel bieten uns in dieser Beziehung die Internodialzellen der Charen. Während sie an Grösse zunehmen, fragmentirt sich ihr Kern und zeigt dadurch deutlich an, dass er aus seiner formativen Aufgabe getreten ist. Denn seine Fragmentation liefert ungleiche Theilstücke, die wir unseren sonstigen Erfahrungen nach nicht für gleichwerthig halten können. Die Menge des Cytoplasma nimmt in der sich mächtig vergrössernden Zelle weit über das Tausendfache zu, und in gleichem Verhältniss vermehren sich die Kerne, doch wohl nur aus dem Grunde, weil sie für die Bildung und für den Stoffwechsel dieser grossen Cytoplasmamassen nothwendig sind. Dass die Internodialzellen der Charen trotz ihrer grossen Cytoplasmavorräthe zu Entwicklungsvorgängen, die auf formativer Thätigkeit der Kerne beruhen, nicht mehr befähigt sind, das zeigt uns die Natur selbst an. Denn die Reproductionsfähigkeit der Charen ist auf die Knoten beschränkt, deren Zellen mit vollwerthigen, aus mitotischer Theilung hervorgegangenen Kernen versehen sind: niemals geht eine Neubildung aus einer Internodialzelle hervor. Das lässt sich auch experimentell feststellen. Es genügt zu diesem Zwecke, eine grössere Zahl von Internodialzellen der Nitella flexilis an beiden Enden mit einem dünnen Faden vorsichtig zusammenzuschnüren und sie dann jenseits der so abgeschlossenen Stellen von den Knoten zu trennen. Oder auch man entfernt die Knoten nicht, schnürt auch die Internodialzellen nicht zusammen, sucht dann aber die Zellen der beiden Knoten durch Aetzen mit übermangansaurem Kali zu tödten. Alle die so vorbereiteten Internodien fixirt man dann aufrecht im sandigen Boden eines mit Wasser gefüllten Gefässes. Einige der durch Fadenschlingen isolirten Internodien der Nitella blieben am Leben, so auch der mit geätzten Knoten versehenen, und es liess sich auch wohl in denselben langsame Protoplasmaströmung beobachten. In keinem Falle sprosste aber irgend welche Neubildung aus den Internodialzellen hervor; hingegen traten solche schliesslich aus den Knoten einzelner Versuchsexemplare hervor, soweit einzelne Zellen derselben von der Aetzung nicht gelitten hatten. Ebenso fielen die Versuche mit Chara aus. Auch bei dieser sind die Internodien unfähig, irgend welche Neubildung zu erzeugen, ungeachtet sie berindet sind. Denn auch die Zellen der Rinde zeigen veränderte, gestreckte, dem sich fragmentirenden Kerne der Internodialzelle entsprechende, und thatsächlich oft auch fragmentirende Kerne [1]).

---

1) Vergl. Johow, Die Zellkerne von Chara foetida, Bot. Ztg., 1881, Sp. 738, 739.

Ich nahm schon an, das Kinoplasma diene der Aufnahme und Leitung der inneren von den Centrosphären und den Kernen ausgehenden Reize, die Hautschichten der Aufnahme und jedenfalls auch der Leitung der von aussen oder innen empfangenen Reize. Da wirft sich weiter die Frage auf, ob denn wirklich Kinoplasma und Hautplasma verschiedene Bestandtheile des Cytoplasma seien, ob nicht vielmehr nur ihre verschiedene Stellung im cytoplasmatischen System die Verschiedenheit ihrer Thätigkeit bedinge. Wichtige Gründe scheinen mir für die Verschiedenheit zwischen diesen beiden Substanzen zu sprechen. Das Kinoplasma allein erfährt bei jedem Theilungsschritt eine solche Halbirung, die in quantitativer Beziehung annähernd gleiche Hälften liefert. Es gilt das sowohl für die kinoplasmatischen Strahlungen, die in thierischen Zellen um die beiden kinetischen Centren sich ausbilden und welche der Theilungsschritt von einander trennt, wie für die kinoplasmatischen Verbindungsfäden in thierischen und pflanzlichen Zellen, welche von der Zellplatte durchschnitten werden. Es hat v. Kostaniecki[1]) neuerdings feststellen können, dass in thierischen Zellen die Verbindungsfäden nach ihrer Halbirung auf die Schwesterkerne eingezogen werden, und dasselbe gilt auch für das Pflanzenreich. Dass es darauf ankommt, das Kinoplasma in gleichen Mengen den Zellkernen selbst dann zuzutheilen, wenn eine Abgrenzung des Cytoplasma in Zellen gleichzeitig nicht erfolgt, das zeigen recht drastisch die Vorgänge bei der freien Kerntheilung im protoplamatischen Wandbelag der Embryosäcke. Mit jeder Kerntheilung ist dort auch die Ausbildung eines Complexes von Verbindungsfäden und deren Halbirung

1) Anatomische Hefte, herausgegeben von Merkel und Bonnet, 1892, p. 251.

verbunden. — Auf eine Theilung des Hautplasma in zwei gleiche Hälften kommt es hingegen allem Anschein nach bei der Zelltheilung nicht an, wie das die so oft ungleiche Grösse der entstehenden Zellen beweist. Auch ist es thatsächlich nicht möglich, das Hautplasma von dem Körnerplasma zu trennen, es stellt ersteres vielmehr nur einen körnerfreien Theil jener hyalinen Substanz dar, die auch die Grundmasse des Körnerplasmas bildet. Nur muss angenommen werden, dass die Elemente des Hyaloplasma in der Hautschicht eine fixe Lage erhalten, und dass diese erst eine gleichartige Beeinflussung durch die äusseren Reize und eine entsprechende Reaction auf dieselbe ermöglicht. Die in der Membranbildung verbrauchten Hautschichten werden durch neue aus der Grundsubstanz des Trophoplasma ersetzt: sie erhalten dann gleichzeitig den fixirten Bau, im Gegensatz zu dem Trophoplasma in den Strömungsbahnen, wo die einzelnen Elemente ihre Lage gegen einander und zu den von aussen wirkenden Kräften verändern, und dadurch, wie Noll bereits hervorgehoben hat [1]), zu wirksamen Reizempfängern untauglich sind. Zugleich mit dem fixirten Bau hört die Betheiligung der Hautschicht an dem mit dem Ernährungsvorgange verbundenen Stoffumsatz auf, der wohl eine dauernde Verschiebung der Elemente gegen einander verlangt.

Das Kinoplasma sammelt sich um den Zellkern und verräth nähere Beziehung zu demselben. Die Spindelfasern werden vielfach von zoologischer Seite aus der Gerüstsubstanz der Kerne abgeleitet, oder zum Theil dem Kern, zum Theil dem Cytoplasma zugezählt. Es mag das für die geschilderten Fälle zutreffen, nur sprach ich mich dagegen

1) Naturwiss. Rundschau, p. 58.

aus[1]), dass die Substanz der Spindelfasern, wie es auch wohl geschehen ist, mit dem Linin der pflanzlichen Zellkerne alsdann identificirt werde. Denn bei Pflanzen geht das Linin wie das Chromatin in die Bildung der Kernsegmente oder Chromosomen auf. Es wäre somit eher zu erwarten, dass bei jenen thierischen Zellkernen, welche die Spindelfasern aus ihrem Innern erzeugen, die Substanz derselben neben dem Linin und Chromatin im Kerngerüst vertreten sei. Nach Oskar Hertwig[2]) kann es einem Zweifel nicht unterliegen, dass bei vielen einzelligen Organismen die Kerne auf den einzelnen Phasen der Theilung durch eine feste Membran von dem Cytoplasma getrennt bleiben. Die Spindelfasern müssten dort somit nothwendiger Weise aus der „achromatischen Substanz" der Kerne hervorgehen. Richard Hertwig[3]) hält es für wahrscheinlich, dass die bei den Protozoen im Kern enthaltenen activen Substanzen bei den Metazoen selbständig und aus dem Kern herausgetreten seien. Oskar Hertwig[4]) sieht die Centrosomen überhaupt für Bestandtheile des ruhenden Kernes an, die nach der Theilung in dessen Inhalt eintreten und bei der Vorbereitung zur nächsten Theilung aus demselben wieder hervortreten. Nur in besonderen Fällen sollen die Centrosomen auch während der Ruhe des Kernes im Protoplasma selbst verbleiben und dann gewissermaassen neben dem Haupt- auch noch einen Nebenkern darstellen. Dem entsprechend findet August

---

1) Anatomischer Anzeiger, 1893, p. 186.

2) Die Zelle und die Gewebe, p. 163.

3) Ueber Befruchtung und Conjugation (Referat), Verhandl. d. Deutsch. zool. Gesellsch., 1892, p. 107.

4) Die Zelle und das Gewebe, p. 48.

Brauer[1]), dass bei Ascaris megalocephala univalens in den Kernen der Spermatocyten das Centrosom eingeschlossen sei. Dort auch theilt sich das Centrosom in diesem Falle, es bilden sich zwischen seinen beiden Hälften, auch von diesen aus nach den Chromosomen Fasern aus, und letztere erzeugen die Kernspindeln. Es wird eine weitere Klärung der vorhandenen Angaben und eine bedeutende Ausdehnung des Beobachtungsgebietes nothwendig sein, bevor in der angeregten Richtung sich phylogenetische Reihen aufstellen lassen. Jetzt muss man wohl annehmen, dass es Fälle giebt, in welchen die Centrosphäre dem Kerninnern zugehört und wo die gesammte Kernspindel aus dem Kerninhalt hervorgeht, solche, wo die Centrosphären ausserhalb der Kernhöhle liegen, die Kernspindel aber einer im Kern befindlichen Substanz ihre Entstehung verdankt, solche, wo im Cytoplasma und im Kern vertretene Substanzen sich an der Bildung der Spindelfasern betheiligen, solche endlich, wie sie allgemein für typische Pflanzenzellen gelten, wo die Spindelfasern aus einer nur im Cytoplasma vertretenen Substanz gebildet werden. Bei den Pflanzen ist die Uebereinstimmung zwischen Spindelfasern und Verbindungsfäden so gross, dass beiden dieselbe kinoplasmatische Natur zuerkannt werden muss. Bei den Thieren dürften die Spindelfasern, die von aussen in den Kernraum eindringen, auch kaum einen anderen Ursprung haben. Ja die vorhandenen Beobachtungen scheinen mir dafür zu sprechen, dass auch die im Kern selbst erzeugten, der Leitung der Centrosomen dienenden Spindelfasern dem Kino-

---

1) Zur Kenntniss der Herkunft des Centrosomas, Biol. Centralbl., Bd. XIII, 1893, p. 286, und Zur Kenntniss der Spermatogenese von Ascaris megalocephala, Arch. f. mikr. Anat., Bd. XLII, 1893, p. 197.

plasma zuzutheilen seien. Einer anderen Substanz könnten hingegen diejenigen Spindelbildungen in thierischen Zellen ihren Ursprung verdanken, die als Centralspindeln unterschieden worden sind. Diese Centralspindeln entstehen zwischen den auseinanderweichenden Centrosomen, und es ist von ihnen angegeben worden, dass sie sich auch in optischer Beziehung etwas anders als die eigentlichen Spindelfasern verhalten können[1]). In den Spermatocyten von Salamandra bilden die Spindelfasern, welche an die Chromosomen ansetzen, deutlich einen peripherischen Mantel um die Centralspindel[2]).

Soweit die Beobachtungen im Pflanzenreiche reichen, liegen dort die Centrosphären stets ausserhalb der Kerne, und entsteht die Kernspindel ihrer ganzen Masse nach aus nur einer, ausserhalb des Zellkerns im Cytoplasma vertretenen Substanz. Unsere Kenntnisse von den pflanzlichen Centrosphären sind ganz vorwiegend nur auf den Untersuchungen von Guignard[3]) basirt, der aber zu den zuverlässigsten und genauesten Forschern zählt. Demgemäss bestehen die pflanzlichen Centrosphären aus einem centralen Körnchen, dem Centrosom, und einer dasselbe umgebenden homogenen, kuglig abgegrenzten Substanz, die ich für sich als Astrosphäre bezeichne, während ich das ganze Gebilde als Centrosphäre zusammenfasse[4]). Danach sollte man meinen, dass die Centrosphäre eine organische, von dem übrigen Cyto-

---

1) F. Hermann, Beitrag zur Lehre von der Entstehung der karyokinetischen Spindel, Archiv für mikr. Anat., Bd. XXXVII, p. 580.

2) Ebendas.

3) Nouvelles études sur la fécondation, Ann. d. sc. nat. Bot., 7. sér., T. XIV, 1891, p. 163.

4) Histol. Beitr., Heft IV, p. 51.

plasma gesonderte Einheit bildet, und man wird in dieser Vorstellung durch den Umstand bestärkt, dass Centrosom und Astrosphäre sich gemeinschaftlich theilen und gemeinsam fortbestehen. Ganz in diesem Sinne spricht sich neuerdings August Brauer für thierische Centrosphären aus [1]), indem er aber zugleich den Begriff Centrosom auf das Centralkorn und die dasselbe umgebenden helle Zone ausdehnt. In der Abgrenzung und Bezeichnung der an der Bildung der „Attractionssphären" betheiligten Substanzen gehen die Ansichten der Forscher auf thierischem Gebiete, von Ed. Van Beneden, Boveri, Flemming an, bis zu den neuesten Untersuchungen hin, soweit ich sehen kann, noch ziemlich weit auseinander, daher ich es vorzog, für die Pflanzen, bei denen eine einheitliche Auffassung bis jetzt möglich bleibt, neue Bezeichnungen zum Theil vorzuschlagen. Das führte mich dahin, auch für den die Strahlungen und die Centrosphären, sowie die Spindelfasern und Verbindungsfäden bei Pflanzen bildenden Bestandtheil des Cytoplasma den Namen Kinoplasma zu brauchen, ungeachtet diese Substanz zum grossen Theil mit Boveri's [2]) Archoplasma [3]) mir übereinzustimmen scheint. Wie wenig für alle im Thierreich beobachteten „Attractionssphären" bereits eine einheitliche Bezeichnung der Theile oder die Durchführung einer übereinstimmenden Structur möglich ist, geht besonders aus der

---

1) l. c. p. 193.

2) Ueber die Befruchtung der Eier von Ascaris megalocephala, Sitzber. d. Gesellsch. f. Morph. und Physiol. in München, Bd. III, Heft 2, 1887, und Zellen-Studien, Heft 2, 1888, p. 61.

3) Besser wäre unter allen Umständen Archiplasma, da mit Archo- die auf den Mastdarm (Archos) bezüglichen Worte gebildet werden.

letzten Veröffentlichung von Balbiani[1]): Centrosome et „Dotterkern" hervor, welche, so wie die früheren Untersuchungen von Platner[2]), Mertens[3]) und Anderen, zeigt, dass der sog. Nebenkern der Spermatocyten und der Dotterkern der Arachnideneier den Attractionssphären entsprechen. — Ein ganz eigenes Verhalten ihrer Kerne haben, wie die eben veröffentlichten Untersuchungen von R. Lauterborn[4]) lehren, die dem Pflanzenreiche zugezählten Diatomeen aufzuweisen. Ein zu einer Art Kernspindel sich differenzirendes Gebilde geht dort aus einem neben dem Centrosom auftretenden Körper hervor. Dieser Körper dürfte nach Lauterborn vom Centrosom stammen. Es dringt derselbe in die Kernfigur ein, und an seiner Oberfläche vollzieht sich die Theilung der Kernsegmente. Lauterborn möchte diesen Körper mit den Nebenkernen der Thiere vergleichen, doch sollen ja jene Nebenkerne sonst, auch die Centrosomen einschliessen. Das eigenartige Verhalten der Diatomeen würde hingegen den in pflanzlichen Zellen sich abspielenden Vorgängen näher zu bringen sein, wollte man den die Kernspindel bei Diatomeen bildenden Körper als einen besonders individualisirten Theil des Kinoplasma betrachten.

Jeder Kern typisch pflanzlicher Zellen wird von seinen Centrophären und von so viel Kinoplasma, als zu seiner Theilung, und in einkernigen Zellen zur Theilung der Zelle noth-

1) Journal de l'Anatomie et de la Physiologie, 1893, p. 145.

2) Beiträge zur Kenntniss der Zelle und ihrer Theilungserscheinungen, Archiv f. mikr. Anat., Bd. XXXIII, p. 132.

3) La sphère attractive dans l'ovule des oiseaux, Bull. de la Soc. de Médecine de Gand, 1893.

4) Ueber Bau und Kerntheilung der Diatomeen, Verh. d. Naturh. Ver. zu Heidelberg, N. F. Bd. V, Heft 2.

wendig ist, begleitet und bildet eine kinetische Einheit, auf die ich die Sachs'sche [1]) Bezeichnung „Energide" anwende. Die Individualität der Zelle wird hingegen durch das Trophoplasma, bestimmt, und muss die Zelle überhaupt als trophoplastische Einheit bezeichnet werden, die von einer gemeinsamen Hautschicht begrenzt ist. Danach leuchtet ein, dass die Anzahl der Energiden nicht bestimmend für die Abgrenzung des Zellbegriffes sein darf und dass trophoplasmatische Einheiten mit einer Mehrzahl von Energiden eben auch als einzelne Zellen gelten müssen. Setzen wir dem bisherigen Brauch gemäss „Kern" an Stelle von „Energide", so werden wir somit wieder mit voller Berechtigung von einkernigen, mehrkernigen oder vielkernigen Zellen reden können.

Man kann sich wohl vorstellen, dass die Sonderung der lebendigen Substanz des Organismus in einkernige Zellen Vortheil bringen musste. Jedem Kern war in solcher Weise durch die auf seine Theilung folgende Zelltheilung das für einen folgenden Theilungsschnitt nothwendige Kinoplasma am besten gesichert. Ausserdem grenzte jede Zelltheilung das Gebiet der formativen und nutritiven Wirksamkeit eines Kernes ab. Dass aber auch in anderer Weise die phylogenetische Entwickelung der Organismen sich vollziehen konnte, das lehren uns die vielkernigen einzelligen Organismen unter welchen im Pflanzenreiche die Siphoneen die höchste Stufe der Differenzirung erreicht haben.

Werden die Kerntheilungen von Zelltheilungen nicht begleitet, so kann das eine doppelte Veranlassung haben: entweder greifen beide Vorgänge nicht in einander, oder es stellen sich Hindernisse für die Zelltheilung ein. Die speci-

---

1) Physiologische Notizen, Flora 1892, p. 57.

fische pflanzliche Theilungsart der Zellen mit Hilfe der Verbindungsfäden bildete sich erst bei den Moosen aus [1]). Nach vollzogener Trennung der beiden Schwesterkernanlagen wurden die Verbindungsfäden zwischen die Spindelformen eingeschaltet und dadurch die Anlage der Zellplatte mit dem Vorgange der Kerntheilung verbunden. Bei den Algen und Pilzen fehlt eine solche Verbindung, und selbst in einkernigen Algenzellen, in welchen die Zelltheilung auf die Kerntheilung folgt, geschieht dies in anderer Weise. So entsteht bei Spirogyra die Scheidewand nicht zwischen den beiden Kernen, sie wird vielmehr in gleicher Entfernung von denselben an der Wand der Zelle angelegt und wächst diaphragmaartig nach innen. Bei Sphacelaria wird zwar eine vollständige Zellplatte zwischen den beiden Kernen erzeugt, doch nicht in einem Complex von Verbindungsfäden, vielmehr in dem Gerüstwerk aus Cytoplasma, entsprechend der Ebene, in der die von den beiden kinetischen Centren ausgehenden Strahlungen aufeinander stossen [2]). So auch wird bei Oedogonium ein Verbindungsfaden-Complex nicht angelegt, vielmehr zwischen die beiden Schwesterkerne durch den Saftraum der Zelle eine Cytoplasmaplatte gespannt, in welcher die Scheidewand entsteht [3]). In den vielkernigen Zellen der Cladophora erfolgt die Zelltheilung ganz ebenso wie bei Spirogyra; eine jede Betheiligung der Kerne an dem Vor-

---

1) Vergl. für letztere die Bilder in den von de Wildeman neuerdings veröffentlichten Études sur l'attache des cloisons cellulaires. Bruxelles 1893, Mémoires de l'Académie, T. LIII, Tafel I.

2) Schwärmsporen, Gameten, pflanzliche Spermatozoiden und das Wesen der Befruchtung, Histol. Beitr., Heft IV, 1892, p. 55.

3) Zellbildung und Zelltheilung, III. Aufl., p. 192.

gang ist aber von vornherein ausgeschlossen, da diese sich beliebig zu anderen Zeiten theilen.

Während von den Moosen aufwärts, das heisst von jener Entwicklungsstufe an, wo die einkernige Zelle als Elementarorgan der Pflanzen zur Herrschaft gelangt und wo Kern- und Zelltheilungen in einander greifen, die grösste Uniformität in dem Zelltheilungsvorgang herrscht, zeigt derselbe die mannigfaltigste Verschiedenheit bei den Algen und Pilzen, bei denen die Zelltheilung nicht unter directem Einflusse der Kerntheilung steht. Spirogyra, Sphacelaria, Oedogonium führten uns dort bereits verschiedene Typen der Scheidewandbildung vor; ein anderes Verhalten zeigt wiederum Vaucheria bei Abgrenzung der Sporangien und Geschlechtsorgane. Da vollzieht sich die Trennung im protoplasmatischen Wandbeleg, und die Trennungsränder weichen auseinander, um sich einander dann wieder zu nähern, doch vor der Vereinigung nach innen umzuschlagen und erst mit abgeschlossenen Hautschichten aneinander zu legen. Zwischen den beiden Zellkörpern wird hierauf eine Zellhaut erzeugt [1]). — Entsprechend der Stelle, an welcher ein Sporangium von Saprolegnia abgegrenzt werden soll, bildet sich nach Rothert [2]) eine ringförmige Ansammlung von Hyaloplasma, die zur vollständigen Querscheibe alsbald sich ergänzt, worauf an der Basis dieser Hyaloplasmascheibe simultan die Querwand auftritt. So im Wesentlichen dürfte sich die Scheidewandbildung überhaupt bei Pilzen vollziehen [3]). In den extremsten Fällen, wie sie verschiedene Siphoneen uns bieten, tritt hingegen

---

1) Zellbildung und Zelltheilung, III. Aufl., p. 210.

2) Die Entwicklung der Sporangien bei den Saprolegnien, Beiträge zur Biol. der Pflanzen, herausgegeben von Fr. Cohn, Bd. V, p. 296.

3) Zellbildung und Zelltheilung, III. Aufl., p. 222.

eine ringförmige Wandverdickung auf, und wird hierauf der Abschluss durch Ausbildung eines pectinreichen Hauptpfropfens vollzogen. So an der Basis der Bryopsis-Fiedern, während es in den Schläuchen von Codium meist nur zu unvollständigen Abgrenzungen durch locale Wandverdickung, zu einer vollständigen Abgrenzung aber auf gleichem Wege an der Basis der Sporangien kommt [1]).

Soweit ich von dem hier eingenommenen Standpunkt die Zelltheilungsvorgänge bei Algen und Pilzen überblicken kann, werden sie der Hauptsache nach vom Trophoplasma allein vollzogen. Eine Betheiligung des Kinoplasma an dem Theilungsvorgang stellt sich erst mit den Moosen ein, das heisst mit dem Augenblicke, wo Zelltheilung mit der Kerntheilung verbunden wird. Aehnliches ergiebt sich für das Thierreich, was um so bezeichnender ist, als dort das Kinoplasma typischer Weise nicht in Form von Verbindungsfäden, sondern von Strahlen in den Zelltheilungsvorgang eingreift. Diese Strahlen bilden sich um die in Action tretenden Centrosphären der sich theilenden Kerne und bedingen durch ihr Aufeinanderstossen im Aequator der Zelle auch die Theilung dieser. Die Theilung des Kinoplasma ist in typischen einkernigen pflanzlichen, wie thierischen Zellen an den Kerntheilungsvorgang geknüpft und bedingt ihrerseits wieder die Zelltheilung. Dass innere Dispositionen für die Ausbildung dieser Verhältnisse maassgebend sein mussten, lehrt der Umstand, dass überall, wo in thierischen Geweben die Zellen behäutet sind und damit ihre einfache Durchschnürung ausgeschlossen, das Kinoplasma wie in pflanzlichen Zellen, zwischen die Spindelfasern in Gestalt von Verbindungsfäden aufgenommen und ganz wie in

1) Zellbildung und Zelltheilung, III. Aufl., p. 224, dort die Litteratur.

typischen pflanzlichen Zellen eine Zellplatte für den Theilungsvorgang ausgebildet wird.

Auch in den aus typischen einkernigen Zellen bestehenden Geweben treten uns bei den Pflanzen vorübergehend oder dauernd mehrkernige Elemente entgegen, deren Bildung aber nur ganz besonderen Bedingungen zuzuschreiben ist. Diese besonderen Bedingungen können in dem raschen Wachsthum der Zelle oder der Beschaffenheit des Inhalts gegeben sein. Der erstere Fall wird am besten durch das Verhalten vieler solcher Embryosäcke illustrirt, in welchen freie Kerntheilung im protoplasmatischen Wandbeleg erfolgt. Bei denjenigen Pflanzen, die klein bleibende und demgemäss auch nur langsam wachsende Embryosäcke besitzen, folgt in letzteren jeder Kerntheilung ein Zelltheilungsschritt, das Gewebe wird durch fortgesetzte Zweitheilung aufgebaut. Bei denjenigen Pflanzen, deren Embryosäcke bedeutende Grösse erreichen und entsprechend rasch wachsen, bildet sich alsbald ein grosser Saftraum aus, das Protoplasma deckt nur noch die Wandung, und in diesem Wanbeleg werden nunmehr frei die Kerntheilungen vollzogen. Man kann feststellen, dass die Kerne dort relativ weit auseinander liegen, und erst wenn der Embryosack seine endliche Grösse erreicht hat, gelangen sie in eine ihrer Wirkungssphäre entsprechende Nähe. Dann folgt auch die allseitige strahlenförmige Differenzirung des Kinoplasma zu Verbindungsfäden, die Ausbildung der Zellplatten und Scheidewände in diesen und die Abgrenzung in Zellen. — Fasst man diejenigen Bilder ins Auge, die Treub von den Kerntheilungsvorgängen in vielkernigen Sklerenchymfasern und in Milchröhren entworfen hat [1]), so lässt sich wohl denken, dass auch in die-

1) Sur les cellules végétales à plusieurs noyaux, Archives Néerlandoises, T. XV.

sen ein zu rasches Wachsthum, dem die Substanzzunahme im Innern nicht gleichen Schnitt halten konnte, zunächst die Zelltheilung verhindert. Die Zellbildung unterbleibt dort aber auch nach vollendetem Wachsthum, was in Sklerenchymfasern durch Substanzarmuth, in Milchröhren durch besondere Qualitäten des Inhalts veranlasst sein könnte. In cytoplasmareichen Zellen lässt sich unter Umständen auch an einen Mangel von Kinoplasma denken, das für die Zelltheilung nothwendig wäre: so in den Keimsuspensoren der Papilionaceen [1]), den ausgewachsenen, jedoch ihre Kerne auf mitotischem Wege frei vermehrenden Tapetenzellen der Sporangien und Antheren [2]), in den sich eben so verhaltenden Endospermzellen von Ephedra und von manchen anderen Coniferen [3]).

Eine ausgewachsene pflanzliche, mit Saftraum versehene einkernige Zelle giebt nicht das Maass für die Entfernung ab, bis zu welcher die unmittelbare Wirkung eines Kernes allseitig reichen kann. Selbstverständlich muss auch in einer solchen mit Saftraum versehenen Zelle der eine Kern alle die unter seinem Einfluss stehenden Vorgänge beherrschen, sonst wären mehrere Kerne da. Um in die nothwendige Wechselbeziehung zu allen Theilen des Cytoplasma zu treten, ändert in einer solchen Zelle der Kern fortdauernd seine Lage, und nicht minder ändern ihre Lage auch die Kerne in

1) Zellbildung und Zelltheilung, III. Aufl., p. 106, und Einige Bemerkungen über vielkernige Zellen und über die Embryogenie von Lupinen, Bot. Ztg., 1880, Taf. XII, Fig. 23. Auch Guignard, Rech. d' embryogénie comparée, Légumineuses, Ann. d. sc. nat., 6 sér., T. XII, Pl. 3, 1882.

2) Ueber den Theilungsvorgang des Zellkernes und das Verhältniss der Kerntheilung zur Zelltheilung, 1882, p. 99.

3) Einige Bemerkungen über vielkernige Zellen etc., p. 853.

mehrkernigen Zellen. Für die einkernigen Zellen sehe ich dabei von gewissen Fällen ab, wie sie von Spirogyra-Arten und anderen Algen geboten werden, wo bei weitem Saftraum der centrale Kern unbeweglich bleibt und nur durch Vermittelung besonderer Verbindungsfäden seinen Einfluss ausübt. Schliessen wir solche Fälle aus, so können uns über das Maass der unmittelbaren Wirkungssphäre der Kerne im Allgemeinen nur die mit Protoplasma völlig angefüllten Zellen eine Vorstellung geben. In solchen Zellen nimmt der Kern eine annähernd centrale Stellung ein. Sie sind fast nur unter den embryonalen Zellen im Pflanzenreich zu finden. Charakteristisch ist für dieselben die relativ bedeutende Grösse der Kerne im Verhältniss zu der Gesammtmasse des Protoplasma. Ich habe, um ein Urtheil über diese Verhältnisse zu gewinnen, eine grosse Zahl von Vegetationspunkten gefässkryptogamer und phanerogamer Pflanzen untersucht. Ich entwarf möglichst genaue Zeichnungen von dem Zellinhalt solcher Vegetationspunkte und mass dann die Grösse der Kerne und der Zellkörper. Die Untersuchung führte ich durchweg an Alcoholmaterial aus, so dass Kerne und Zellkörper meiner Objecte etwas contrahirt waren. Die gewonnenen Werthe sind dementsprechend zu niedrig, was aber bei den vorhandenen Grössenunterschieden wenig in Betracht kam. Ich zog diese übereinstimmende Fehlerquelle für den Vergleich der weit unbestimmteren Störung vor, welche das Wasser in embryonalen Zellen verursacht. In manchen Fällen dehnte ich meine Untersuchung auch auf den Vegetationskegel der Wurzel, mehrfach auch auf die Vegetationspunkte der Blüthen aus. Stets hielt ich mich nur an die noch wirklich im embryonalen Zustande befindlichen Zellen der Vegetationspunkte und vermied es, kürzlich getheilte Kerne und Zellen in Betracht zu ziehen. Es wurden vielmehr die Messungen nur an völlig ausgewachsenen, aber doch noch ruhenden Kernen und Zellen ausgeführt. Ich habe nicht alle die von einer Species gewonnenen Bilder verwerthet, mich vielmehr nur an diejenigen Zellen und Kerne gehalten, welche eine mittlere, stetig wiederkehrende Grösse boten. Aus einer Anzahl Messungen zog ich dann das Mittel, welches ich auf wenige Decimalen abrundete. — Die Erwartung, dass diejenigen Pflanzen, welche sich durch besonders grosse, generative Kerne auszeichnen, auch grosse Kerne in den embryonalen Zellen der Vegetationspunkte aufweisen würden, hat sich im Allgemeinen bestätigt. So kommen besonders grosse Kerne den Vegetationspunkten der Liliaceen zu, so auch dem embryonalen Gewebe der Coniferen; relativ kleine hingegen den meisten Dicotylen. — Wo ich ausser den Vegetationspunkten der Sprosse auch noch diejenigen der Blüthen oder Wurzeln untersucht habe, fand ich im Allgemeinen volle Uebereinstimmung in der Grösse embryonaler Kerne und Zellen. Die Grössenunterschiede waren wenigstens nicht als solche zu fassen, und ich zog daher dann auch alle solche Vegetationspunkte zusammen in die gemeinsame Berechnung ein. — Einige Schwierigkeiten bereitet es, ein mittleres Maass für die embryonalen Kerne der Vegetationspunkte der Gefässkryptogamen aufzustellen, und nicht möglich ist es überhaupt, ein solches Maass für die embryonalen Zellen dort anzugeben. Denn innerhalb der, in einer Scheitelzelle gipfelnden Vegetationskegel ist die Grösse der einzelnen Zellen durch den Theilungsschritt bestimmt, dem sie ihre Entstehung verdanken. Den ausgewachsenen Kern der Scheitelzelle fand ich im Allgemeinen grösser als die ausgewachsenen Kerne der Segmente. Es frägt sich, ob an einem solchen mit Scheitelzelle wachsenden Vegetationskegel überhaupt andere Zellen, als die Scheitelzellen, noch als völlig indifferente, also im vollen Sinne noch embryonale Zellen gelten dürfen.

Ich stelle hier nunmehr die untersuchten Pflanzen zusammen. Wo ich ausser dem Vegetationskegel des Stammes auch noch denjenigen der Wurzel oder der Blüthen in den Bereich meiner Beobachtung zog, gebe ich dies besonders an.

Name der Pflanze	Mittlerer Durchmesser der embryonalen Kerne	Zellen
Pinus Laricio Poir.	0,014 mm	0,02 mm
Picea orientalis Lk.	0,011 „	0,018 „
Taxus baccata L.	0,009 „	0,015 „
Ephedra distachya L.	0,013 „	0,02 „
Allium Cepa L. Zwiebel und Wurzel	0,009 „	0,014 „
Lilium Harrisii. Hort. Zwiebel und Wurzel	0,016 „	0,024 „
Chlorophytum Sternbergianum Steud. Zwiebeln und Wurzeln	0,011 „	0,016 „
Amaryllis robusta Sweet. Zwiebeln und Wurzeln	0,014 „	0,02 „
Smilax aspera L.	0,0075 „	0,013 „
Tradescantia Sellowii Hort.	0,0074 „	0,011 „
Zea Mays L. Spross, Wurzel, männlicher Blüthenstand	0,0075 „	0,013 „
Cypripedium insigne Wallich	0,011 „	0,0166 „
Elodea canadensis Michx.	0,008 „	0,012 „
Polygonum cuspidatum S. et Z.	0,0065 „	0,011 „
Ranunculus repens L.	0,012 „	0,0166 „
Helleborus viridis L.	0,009 „	0,016 „
Aconitum Napellus L.	0,009 „	0,016 „
Aristolochia tomentosa Sims	0,0075 „	0,012 „
Viscum album L.	0,014 „	0,022 „
Impatiens parviflora DC. Sprosse und Blüthen	0,0075 „	0,013 „
Impatiens Balsamina L. Sprosse und Blüthen	0,0065 „	0,01 „
Acer sp.	0,0055 „	0,009 „
Ampelopsis hederacea DC.	0,0075 „	0,01 „
Ricinus communis L. Sprosse und Blüthen	0,005 „	0,009 „

Name der Pflanze	Mittlerer Durchmesser der embryonalen Kerne	Zellen
Myriophyllum proserpinacoides Gill	0,0033 mm	0,005 mm
Hippuris vulgaris L.	0,0037 „	0,006 „
Vicia Faba L.	0,011 „	0,0166 „
Coleus Verschaffelti Hort.	0,007 „	0,011 „
Nonnea lutea DC.	0,006 „	0,009 „
Symphytum officinale L.	0,0065 „	0,012 „
Myosotis palustris With.	0,005 „	0,009 „
Myosotis alpestris Schmidt . . .	0,003 „	0,005 „
Solanum tuberosum L.	0,007 „	0,01 „
Cucurbita Pepo L.	0,0066 „	0,01 „
Dahlia variabilis Desf.	0,009 „	0,014 „
Lycopodium Selago L.	0,011 „	0,0166 „
Lycopodium clavatum L.	0,0065 „	0,009 „
Lycopodium complanatum L. . . .	0,0055 „	0,008 „
Equisetum arvense. L. Hauptspross, Seitensprosse und Wurzeln. Sehr verschieden gross, im Mittel . .	0,013 „	0,018 „
Asplenium Fabianum Moore. Bulbillen und Wurzeln. Verschieden gross, im Mittel	0,014 „	0,019 „

Ich möchte nochmals hervorheben, dass diese Zahlen nur einen relativen Werth haben, so zwar, dass durch eine weitere Mehrung des Beobachtungsmaterials die eine oder andere Zahl etwas grösser oder kleiner ausfallen könnte. Das allgemeine Ergebniss würde aber, wie ich wohl behaupten darf, dadurch nicht beeinflusst. Dieses allgemeine Ergebniss zeigt, dass die Grössenverhältnisse der embryonalen Kerne und Zellen im Pflanzenreiche zwischen ziemlich weiten Grenzen, so in den von mir untersuchten Fällen zwischen 0,016 und 0,003 mm für die Kerne, und 0,024 und 0,005 mm für die Zellen, schwanken. Das Verhältniss der Kern- zu der Zellgrösse stellt sich annähernd wie 2 zu 3, was auch zu anderen Erfahrungen gut stimmt. Aehnlich wie Erich Amelung neuerdings feststellte[1]), dass

1) Ueber mittlere Zellengrössen, Flora, 1893, p. 176.

die stärkere oder schwächere Entwickelung eines Pflanzenkörpers ohne Einfluss auf die Grösse der ihn constituirenden ausgewachsenen Zellen bleibt, so konnte ich constatiren, dass auch die embryonalen Zellen grosser und kleiner, extrem ausgewählter Individuen in ihrem Ausmaass nicht von einander abweichen. Nicht die Zellengrösse, nur die Zellenzahl wird durch die verschieden kräftige Ausbildung eines Individuums und seiner Glieder beeinflusst. Das Ausschlaggebende sind dabei aber sicher die embryonalen Zellen, deren Grösse erblich fixirt ist und die dann auch, unter dem Einfluss erblich fixirter Entwickelungsvorgänge, zu bestimmter Grösse heranwachsen. Auffallend war es mir, dass, während die Individuen derselben Species stets dieselbe Grösse embryonaler Kerne und Zellen aufweisen, Arten derselben Species nicht unerheblich von einander abweichen können. Ich mache im Besonderen auf die Arten der Gattung Lycopodium in meiner Zusammenstellung aufmerksam. Aus meiner Zusammenstellung ist auch ersichtlich, dass die Ranunculaceen, die schon in so mancher anderen Beziehung den Monocotylen sich nähern, auch die relativ grossen embryonalen Zellen mit denselben gemein haben.

Es lässt sich denken, dass die Grösse der embryonalen Zellen durch die Häufigkeit des Theilungsvorgangs beeinflusst wird, dass sie somit nicht ein ganz richtiges Maass für diejenige Grenze abgiebt, bis zu welcher der Einfluss der einzelnen Kerne reichen könnte. Diese Sphäre könnte grösser vorgestellt werden, doch spricht gegen eine wesentlichere Ausdehnung derselben das annähernd constante Verhältniss, welches die Beobachtung zwischen Kern- und Zellgrösse in dem embryonalen Gewebe ergiebt. Immerhin dürften uns Fälle willkommen sein, in welchen der Kern seine Wirkungssphäre ganz ungehemmt und unmittelbar bestimmt. Es findet das statt bei manchen Vorgängen der freien Zellbildung: so in dem Ei von Ephedra, wenn dort nach der Befruchtung die embryonalen Zellen entstehen. Wie ich das schon 1875 in meiner „Zellbildung und Zelltheilung" geschildert habe [1]), theilt sich der Keimkern zunächst frei im Ei von Ephedra und liefert im Endergebniss meist acht Nachkommen. Diese acht Embryonalkerne vertheilen sich ungleichmässig durch das Cytoplasma, woraus folgt, dass sie mit ihrer Actionssphäre die Gesammtheit dieses Cytoplasma nicht zu beherrschen vermögen. Dann, wenn die Zellbildung um diese freien Zellkerne erfolgen soll, umgiebt sich jeder derselben mit einer radialen Strahlung, so wie ich sie seinerzeit schon auf Tafel I in Figur 8, l. c. dargestellt hatte. Dieser Strahlung möchte ich jetzt kinoplasmatische Natur zusprechen. Sie zeigt in ihrer Ausdehnung die Grenze an, bis zu welcher die Wirkungssphäre der einzelnen Kerne reicht. An dieser Grenze wird dann eine Hautschicht ausgebildet und alsbald eine Zellhaut erzeugt. Mein erstes Bild wurde später durch andere, besonders in der dritten Auflage meines Zellenbuches (Taf. VI, Fig. 150 bis 152) ergänzt. Aus den angeführten Figuren ergiebt sich, dass hier der Durchmesser der Zellen fast den doppelten Durchmesser der Kerne erreicht. Ein ähnliches Verhältniss weisen die Bilder auf, in welchen de Bary die Sporenbildung der Ascomyceten zur Darstellung brachte [2]). Auch dort werden die Zellkerne zunächst durch freie Theilung vermehrt [3]) und dann erst Zellkörper um dieselben abgegrenzt. Wie bei Ephedra kommt hierbei nur ein

1) p. 1 ff., auch Taf. I.

2) Ueber die Fruchtentwicklung der Ascomyceten, 1863, p. 34, und Taf. II, Fig. 7 bis 12.

3) Vergl. hierzu auch Gjurasin, Ber. d. Deut. Bot. Gesellsch., 1893, p. 113 und Taf. VII.

Theil des vorhandenen Cytoplasma zur Verwendung. Aehnliche Beziehungen zwischen Kern- und Zellgrösse weisen die Bilder über Vollzellbildung auf. Besonders lehrreich erscheinen da die Zustände bei Abgrenzung der Zellen in den Wandbelegen der Embryosäcke. Ich verweise hierbei auf die zahlreichen Bilder, die ich auf Tafel I bis IV der III. Auflage meines Zellenbuches zur Darstellung brachte, auch auf die Figuren, die Hegelmaier in seinen Untersuchungen über die Morphologie der Dicotylen-Endosperme [1]) veröffentlicht hat. Stellenweise fallen dort die Zellen im Verhältniss zu den Kernen grösser aus, als wir es in den embryonalen Zellen der Vegetationspunkte fanden, wohl in Folge anderweitiger Einflüsse, die unter allen Umständen dahin zielen, dass der gesammte protoplasmatische Wandbeleg in die Zellbildung eingezogen werde. Die geschlechtliche Generation, der das Prothallium- beziehungsweise Endospermgewebe angehört, zeichnet sich den embryonalen Geweben der Vegetationspunkte gegenüber durch bedeutendere Grösse ihrer Kerne aus. Das kann zunächst befremden, da es gerade die Kerne der geschlechtlichen Generation sind, für welche die Reduction der Kernsegmente nachgewiesen ist. Overton suchte neuerdings [2]) zu zeigen, dass diese Reduction der Kernsegmente sich nicht etwa auf die Kerne der Geschlechtsproducte allein, vielmehr auf den ganzen geschlechtlichen Abschnitt im Generationswechsel der cormophyten Pflanzen erstreckt. Dass dies für die Kiefer zutrifft, konnte Henry Dixon neuerdings im hiesigen botanischen Institut feststellen. Danach wäre die geschlechtliche Generation der

1) Nova Acta, Bd. XLIX, 1885, Nr. 1.

2) Annals of Botany, Vol. VII, Nr. XXV, March 1893, und Vierteljahrschr. der Naturf. Gesellsch. in Zürich, XXXVIII. Jahrgang, 1893.

cormophyten Pflanzen durch eine bedeutende Grösse der Kerne einerseits, eine geringe Zahl von Kernsegmenten andererseits ausgezeichnet. Es lässt sich bereits annehmen, dass die Zahl der Kernsegmente in den Geschlechsproducten allgemein auf die Hälfte zurückgeht und dass die durch Vereinigung im Geschlechtsact entstehende Zahl, die somit doppelt so gross wie in der geschlechtlichen Generation ist, die ungeschlechtliche Generation charakterisirt. Auf diese Verdoppelung der Zahl der Kernsegmente folgt aber alsbald eine Reduction der Kerngrösse in den embryonalen Geweben. Im Uebrigen kehren aber auch für die geschlechtlichen Generationen, wenn einzelne Gruppen und Familien der Pflanzen verglichen werden, ähnliche Beziehungen der Kerngrössen wieder, wie wir sie zuerst gefunden, so zwar, dass die Coniferen, vornehmlich aber die Monocotylen, und unter den Dicotylen etwa die Ranunculaceen, wiederum durch besonders grosse Kerne sich auszeichnen.

In der ausgewachsenen Pflanzenzelle ist durch Ausbildung des Saftraumes, eventuell auch durch Vermehrung des Cytoplasma und Ansammlung metaplasmatischer Einschlüsse das ursprüngliche Grössenverhältniss zwischen Kern und Zellleib verändert. Treten derartig vergrösserte Zellen weiter in Theilung ein, so müssen besondere Einrichtungen den Theilungsvorgang unterstützen. Der zwischen den Schwesterkernen suspendirte Complex der Verbindungsfäden verschiebt sich dann, sammt seinem Kernpaare innerhalb der Zelle, um eine vollständige Scheidewand zu Stande zu bringen. Es kann aber auch in Zellen, die über die ursprünglichen Maasse hinausgewachsen sind, der Zellkern vor der Theilung in eine peripherische Lage rücken, die dann eine unmittelbare Zelltheilung ermöglicht: so in den Epidermiszellen bei Anlage der Spaltöffnungsmutterzellen, in Pollenkörnern bei ihrer

Trennung in generative und vegetative Zellen. Unter Umständen erfolgt übrigens auch nach bedeutender, mit gleichzeitiger Vermehrung des Cytoplasma verbundener Vergrösserung der Zelle glatte Zelltheilung: so in vielen thierischen Eiern die totale Furchung aufweisen. In Seeigeleiern erreicht beispielsweise das Ei bis zum fünffachen Durchmesser des Keimkerns: dessenungeachtet erfolgt dort Zweitheilung mit gleichen Theilhälften. Ja, es geschieht dies selbst bei Branchipus Grubii, wo, A. Brauer's Abbildungen nach[1]), das Ei einen mindestens fünfzehn Mal so grossen Durchmesser wie der Keimkern besitzt. Man sieht in solchen Eiern mächtige Strahlungen um die Centrosphären auftreten, und augenscheinlich wird die Theilung durch das Aufeinanderstossen dieser Strahlen im Aequator des Eies bedingt. Ob eine besondere Verstärkung der Wirkungssphäre der kinetischen Centren oder eine besondere Vermehrung des Kinoplasma, welches diese Wirkung fortleitet, hier die Beherrschung so grosser Massen von Trophoplasma ermöglicht, mag dahingestellt bleiben. Es ist aber sicher eine Erschwerung der formativen Vorgänge durch derartige Bedingungen gegeben, denn das Ei zerfällt rasch in solche Elemente, welche den gewohnten Grössenverhältnissen zwischen Kern und Cytoplasma wieder entsprechen. Dann erst stellen sich weitere Differenzirungsvorgänge innerhalb der Embryonalanlage ein. Ist das Ei mit zu viel metaplasmatischem Einschlusse beladen, mit einem Worte zu dotterreich, so wandert der Kern, ganz so wie in den cytoplasmareichen pflanzlichen Pollenkörnern, in eine peripherische Lage und geht dort erst in Theilung ein. Das hat in thierischen Eiern inäquale oder discoidale Furchung zur Folge. Bei der inäqualen Furchung zerfällt

1) Ueber das Ei von Branchipus Grubii v. Dyb. Abh. d. Akad. d. Wiss. zu Berlin, 1892, Taf. III.

das Ei in ungleich grosse Zellen, wobei die kleineren jene Gegend einnehmen, nach welcher der Keimkern vor der Furchung wanderte und welche ärmer an metaplasmatischen Producten ist. Bei der discoidalen Furchung dringen die Furchen, die zwischen den peripherisch gelegenen Kernen auftreten, nur bis zu einer bestimmten Tiefe in die dotterreiche Cytoplasmamasse des Eies ein: so wird die Anlage zu einer peripherischen Zellschicht geschaffen. Aehnliche Vorgänge wären wohl im Pflanzenreich denkbar, doch sind sie dort thatsächlich nicht bekannt. Aehnlichkeiten dieser Art, auf welche Sachs neuerdings hinweist [1]), beziehen sich nur auf fortgeschrittenere Entwickelungszustände. In Wirklichkeit geht dem Zerfall der in Vergleich gezogenen Makrospore von Isoëtes, bei welchem die verschieden grossen, einkernigen Zellen an eine inäquale Furchung erinnern, wie Douglas H. Campbell zeigte [2]), eine freie Kernvermehrung voraus, worauf in einer an Vollzellbildung anschliessenden Weise, die Abgrenzung der Zellen vor sich geht. Dabei werden die metaplasmareicheren Zellen im unteren Theile der Makrospore, grösser. Bei Marsilia [3]) und Selaginella [4]),

1) Physiologische Notizen. VI. Ueber einige Beziehungen der specifischen Grösse der Pflanzen zu ihrer Organisation, Flora 1893, Heft 2, Sep.-Abdr. p. 78.

2) Die ersten Keimungsstadien der Makrosporen von Isoëtes echinospora Durieu, Ber. d. Deutsch. Bot. Gesellsch., 1890, p. 97, und Contributions to the Life-History of Isoëtes, Ann. of Botany, Vol. V, No. XIX, 1891, p. 231.

3) Douglas H. Campbell, Einige Notizen über die Keimung der Marsilia aegyptiaca, Ber. der Deutsch. Bot. Gesellsch., 1888, p. 340, und On the Prothallium and Embryo of Marsilia vestita, Proceedings Cal. Acad. Sci., 2D Ser., Vol. III, 1892, p. 183. So auch von Pilularia, Douglas H. Campbell, The Development of Pilularia globulifera L., Ann. of. Bot., Vol. II, 1888, p. 233.

4) Pfeffer, Die Entwicklung des Keimes der Gattung

deren Makrosporen im Beginn der Entwickelung einen Zustand zeigen, der an discoidale Furchung erinnert, wird dieser Zustand auch nicht durch unvollendete Furchung, sondern durch einen Theilungsschritt bedingt, der einen oberen kleinen, metaplasmafreien Theil der Makrospore gegen einen grossen unteren, metaplasmareichen abgrenzt. Die so erzeugte obere metaplasmafreie Zelle allein tritt bei Marsilia in weitere Theilungen ein und bildet das Prothallium, während bei Selaginella nach Anlage des Prothalliums auch der unterhalb desselben in der grossen, metaplasmareichen Zelle befindliche Kern in Theilung eintritt und relativ grosse Zellen dort liefert.

Welcher Art auch die Vorgänge sind, welche specifisch zu grosse einkernige Zellen in kleinere zerlegen, stets stellen sie sich vor Eintritt der weiteren Differenzirung ein, um Elemente zu schaffen, die den gewohnten formativen Wirkungskreis der Kerne nicht überschreiten.

Auffällig ist und muss hervorgehoben werden, dass diejenigen Organismen, die typisch einzellig und vielkernig sind, sich meist durch sehr kleine Zellkerne auszeichnen: so die Siphoneen und Pilze. Es scheint, als wäre die specifisch geringe Kerngrösse der Ausbildung einer zelligen Structur nicht günstig gewesen. Bei den Algen, die grössere Zellkerne besitzen, ist schon häufig der cytoplasmatische Leib in einkernige Abschnitte zerlegt. Bei der Mehrzahl der Florideen beobachtet man, dass die grösseren Zellen mehrkernig, die kleineren einkernig sind [1]).

Selaginella, Bot. Abhandl. von Hanstein, Bd. I, Heft IV, 1871, p. 22.

1) Schmitz, Ueber die Zellkerne der Thallophyten, Sitzber. d. Niederrh. Gesellsch. f. Natur- u. Heilkunde zu Bonn, 7. Juni 1880.

Frommannsche Buchdruckerei (H. Pohle) in Jena. — 1220

www.ingramcontent.com/pod-product-compliance
Lightning Source LLC
Chambersburg PA
CBHW021934190326
41519CB00009B/1020